Fernando Hentz
Alda Monteiro
Eneida Ribeiro

Identificação eletrônica de ovinos empregando bolus intraruminais

Fernando Hentz
Alda Monteiro
Eneida Ribeiro

Identificação eletrônica de ovinos empregando bolus intraruminais

Validação de tecnologia no Brasil

Novas Edições Acadêmicas

Impressum / Impressão
Bibliografische Information der Deutschen Nationalbibliothek: Die Deutsche Nationalbibliothek verzeichnet diese Publikation in der Deutschen Nationalbibliografie; detaillierte bibliografische Daten sind im Internet über http://dnb.d-nb.de abrufbar.
Alle in diesem Buch genannten Marken und Produktnamen unterliegen warenzeichen-, marken- oder patentrechtlichem Schutz bzw. sind Warenzeichen oder eingetragene Warenzeichen der jeweiligen Inhaber. Die Wiedergabe von Marken, Produktnamen, Gebrauchsnamen, Handelsnamen, Warenbezeichnungen u.s.w. in diesem Werk berechtigt auch ohne besondere Kennzeichnung nicht zu der Annahme, dass solche Namen im Sinne der Warenzeichen- und Markenschutzgesetzgebung als frei zu betrachten wären und daher von jedermann benutzt werden dürften.

Informação biográfica publicada por Deutsche Nationalbibliothek: Nationalbibliothek numera essa publicação em Deutsche Nationalbibliografie; dados biográficos detalhados estão disponíveis na Internet: http://dnb.d-nb.de.
Os outros nomes de marcas e produtos citados neste livro estão sujeitos à marca registrada ou a proteção de patentes e são marcas comerciais registradas dos seus respectivos proprietários. O uso dos nomes de marcas, nome de produto, nomes comuns, nome comerciais, descrições de produtos, etc. Inclusive sem uma marca particular nestas publicações, de forma alguma deve interpretar-se no sentido de que estes nomes possam ser considerados ilimitados em matérias de marcas e legislação de proteção de marcas e, portanto, ser utilizadas por qualquer pessoa.

Coverbild / Imagem da capa: www.ingimage.com

Verlag / Editora:
Novas Edições Acadêmicas
ist ein Imprint der / é uma marca de
OmniScriptum GmbH & Co. KG
Heinrich-Böcking-Str. 6-8, 66121 Saarbrücken, Deutschland / Niemcy
Email / Correio eletrônico: info@nea-edicoes.com

Herstellung: siehe letzte Seite /
Publicado: veja a última página
ISBN: 978-3-639-68601-2

Quando estiver em dificuldade e pensar em desistir, lembre-se dos obstáculos que já superou. Olhe para trás.

Se tropeçar e cair, levante, não fique prostrado, esqueça o passado. Olhe para frente.

Ao sentir se orgulhoso, por alguma realização pessoal, sonde suas motivações. Olhe para dentro.

Antes que o egoísmo o domine, enquanto seu coração é sensível, socorra aos que o cercam. Olhe para os lados.

Na escalada rumo às altas posições, no afã de concretizar seus sonhos, observe se não está pisando em alguém. Olhe para baixo.

Em todos os momentos da vida, seja qual for sua atividadc, busque a aprovação de Deus. Olhe para cima.

"Nunca se afaste de seus sonhos, pois se eles se forem, você continuará vivendo, mas terá deixado de existir".

(Charles Chaplin)

Dedico aos meus pais, José Henrique Rempel Hentz e Wilma Kleinschmitt Hentz , por desde muito cedo me darem autonomia para tomar minhas decisões.

AGRADECIMENTOS

À Deus pela existência.

Aos meus pais, José Henrique Rempel Hentz e Wilma Kleinshmitt, pelo amor e apoio incondicional em todos os momentos.

A minhas irmãs, Carla e Fernanda, pelo exemplo de dedicação e luta por seus objetivos. Pela amizade e companheirismo de todos os momentos.

Ao Programa de Pós-Graduação em Ciências Veterinárias da Universidade Federal do Paraná pela oportunidade de realização do meu Mestrado.

A professora Alda Lúcia Gomes Monteiro pela orientação e valiosos ensinamentos durante esta importante fase da minha vida.

A empresa Saint Gobain/Coorstek do Brasil pela confiança e apoio financeiro para a realização deste projeto.

A Coordenação de Aperfeiçoamento de Pessoal pela concessão da bolsa de estudos.

A todos que, de alguma forma, contribuíram para a realização deste trabalho.

LISTA DE TABELAS

LISTA DE FIGURAS

LISTA DE ABREVIATURAS

b-IR	*bolus* intra-ruminal
C.Lt.	capacidade de leitura
d.e.	diâmetro externo
HDX	half-duplex
ICAR	International Comittee for Animal Recording
IE	identificação eletrônica
ISO	International Organization for Standardization
kHz	kilohertz
NRC	National Research Council
RFID	radio frequency identification
SAS	Statistical Analysis Software
TR	taxa de retenção

SUMÁRIO

INTRODUÇÃO GERAL

Embora não se configure como atividade de exportação, a ovinocultura brasileira passa por momento favorável. Em razão dos vínculos comerciais com a comunidade européia o país está sob pressão constante para a implantação de sistemas de identificação e rastreabilidade mais abrangentes e eficientes (GERMAIN, 2005). A exemplo da bovinocultura, a adoção de visão sistêmica da cadeia em expansão deverá vir acompanhada da incorporação de novas tecnologias, destacando-se o uso da tecnologia de informação na gestão dos processos produtivos. O primeiro passo para implantação de um sistema de rastreabilidade constitui-se na implantação de sistemas de identificação e registro de animais.

A identificação eletrônica (IE) foi concebida no intuito de permitir a automação dos processos produtivos, devendo atender demandas nas áreas associadas ao bem-estar e segurança do alimento, bem como possibilitar a melhoria da eficiência nos sistemas de produção (STANFORD *et al.*, 2001). A IE do rebanho pode trazer, ao processo de produção e ao produtor, ganhos em eficiência produtiva através de melhoria do controle dos dados produtivos do rebanho, trazendo a possibilidade de implantação de programas de avaliação genética e melhoria do processo de gestão na propriedade, por meio da integração dos softwares de gestão com os dados obtidos no campo.

Dentre as possibilidades tecnológicas utilizadas na identificação animal, os dispositivos intra-reticulares configuram-se como importante ferramenta. Inúmeros países europeus vêm empregando os bolus eletrônicos em diversas espécies, cujas experiências atestam para seu emprego seguro. O bolus intra-ruminal foi desenvolvido propriamente para a identificação de ruminantes e consiste de uma capsula cerâmica de alta densidade que abriga em seu interior um transponder (normalmente encapsulado em vidro) com o objetivo de ser retido permanentemente no retículo-rumen (RIBÓ *et al.*, 1994; CAJA *et al.*, 1999). As características próprias dos dispositivos afetam a sua taxa de retenção (CAJA *et al.*, 1999; GHIRARDI *et al.*,

2006,) e determinam a idade e peso mínimo com que podem ser administrados (GARÍN *et al.*, 2005; GHIRARDI *et al.*, 2007).

Objetivou-se com o presente trabalho avaliar diferentes dispositivos intra-ruminais e visuais confeccionados por indústrias brasileiras quanto à sua facilidade de aplicação, capacidade de leitura e retenção em médio e longo prazo em ovinos criados sob condições semi-intensivas.

Capítulo 2

ESTADO DA ARTE

Exigências associadas aos sistemas de identificação e o contexto da identificação eletrônica

Programas de identificação animal estão presentes no mundo todo e não fazem parte de novas idéias (BLANCOU, 2001). No entanto, a preocupação relacionada às doenças se intensificou e a implementação de sistemas de identificação animal seguros se justifica para atender a consumidores, ao mercado de exportação e como forma de monitorar os rebanhos nacionais (BARCOS, 2001; SMITH *et al.*, 2005).

Para BARCOS (2001), os dispositivos de identificação animal devem ser convenientes, de fácil aplicação e leitura, apresentarem retenção efetiva ao longo da vida dos animais, além de não produzirem nenhum efeito adverso e/ou apresentarem risco a saúde humana pela contaminação da carcaça. Os dispositivos empregados para a identificação também devem ser isentos de fraudes e apresentar relação benefício:custo favorável. Mais recentemente, tem sido exigido dos sistemas de identificação animal maiores exigências como bem estar animal, segurança do alimento e melhoria da eficiência de produção animal (STANFORD *et al.*, 2001).

Sistemas de identificação tradicionalmente utilizados em ovinos e caprinos (brincos, colares, tatuagens) são pouco confiáveis, havendo a necessidade do desenvolvimento de novas tecnologias para este fim (PINNA *et al.*, 2006). A perda ou troca de brincos entre animais, dificuldade de visualização a distância, problemas na leitura devido à abrasão dos caracteres e sujeiras (MACHADO & NANTES, 2004), animais sem identificação e dificuldade em reconhecer o verdadeiro número do animal são os principais problemas associados ao sistema de identificação ineficiente (PINNA *et al.*, 2006).

A falta de controle sobre a movimentação de animais, resultado do crescimento dos rebanhos, e as possíveis fraudes decorrentes de falhas associadas aos sistemas de identificação levaram a União Européia a implementar projetos direcionados a avaliação de dispositivos que permitissem a identificação individual de todos os animais (bovinos, suínos, ovinos e caprinos) a partir da década de 90 (ROSSING, 1999).

Os primeiros trabalhos para avaliação de dispositivos em ovinos e caprinos fizeram parte do projeto de pesquisa designado FEOGA, conduzido na Espanha, Itália e Portugal entre os anos de 1993 e 1994. De acordo com CAJA *et al.* (1997), a razão principal pela qual a identificação eletrônica não era recomendada para ovinos e caprinos estava associada ao alto custo relativo dos dispositivos em relação ao valor comercial dos animais. Nesta oportunidade alguns dispositivos eletrônicos também foram testados, dentre eles brincos auriculares, transponders injetáveis e dispositivos intra-ruminas. Problemas associados à migração (implantes), ao peso dos dispositivos auriculares e às taxas de retenção (bolus) foram apontados como os principais aspectos a serem melhorados nestes dispositivos. Os resultados obtidos, no entanto, apontaram para a grande utilidade da tecnologia na automação dos sistemas de identificação e registro de animais (CAJA *et al.*, 1997).

Ainda ao final da década de 90, por iniciativa da União Européia, foi implementado o projeto IDEA (Identificatión Eléctronique des Animaux), visando testar a viabilidade de criação de um sistema comum de identificação animal baseado no uso da tecnologia *RFID*. O projeto abrangeu seis países europeus e teve como base a aplicação de identificadores eletrônicos (brincos, implantes e bolus) em 980.000 animais (bovinos, bubalinos, ovinos e caprinos) em diferentes ambientes de criação, condições climáticas e de abate, sendo movimentados dentro e fora da comunidade européia (JRC, 2003).

O bolus eletrônico provou ser ferramenta confiável e livre de fraude nos sistemas de identificação de animais do nascimento ao abate (CAJA *et al.*, 1999,

2004; GARÍN *et al.*, 2003, 2005) sendo o dispositivo mais usado e eficiente no projeto IDEA de identificação animal da Comunidade Européia (RIBÓ *et al.*, 2003). Resultados positivos associados à inibição de fraudes e a possibilidade de controle automatizado dos plantéis de pequenos ruminantes sinalizaram para o emprego dos dispositivos em sistemas de identificação e registro com vistas à implantação de sistemas de rastreabilidade (GHIRARDI *et al.*, 2007; CARNÉ *et al.*, 2009b). Atualmente, o bolus intra-ruminal tem sido adotado pela Espanha como segundo sistema de identificação oficial para ovinos e caprinos.

Bolus para identificação de ovinos e caprinos

Os primeiros trabalhos avaliando o emprego de capsulas (bolus) produzidas a partir de distintos materiais e utilizadas como carreadores de dispositivos de identificação eletrônica para a identificação de animais foram conduzidos a partir da década de 70 em bovinos por HANTON (1976). A transmissão de sinal pelo transponder era alimentada por uma bateria, sendo esta uma das principais limitações do sistema para produção em larga escala (ROSSING, 1999). Maior atenção tem sido destinada ao emprego destes dispositivos após a incorporação dos transponders passivos (GHIRARDI *et al.*, 2006), resultado da implementação de tecnologia de circuito integrado, o que permitiu a sua miniaturização e redução substancial de custos (ERADUS & JANSEN, 1999).

As primeiras avaliações sobre a utilização de bolus intra-ruminais com pequenos ruminantes no projeto FEOGA apontaram para a grande utilidade desta ferramenta (CAJA *et al.*, 1994). Na prática, um dos principais problemas estava associado à baixa taxa de retenção (TR) dos dispositivos nos pré-estômagos dos ruminantes. A partir desta constatação, pesquisas (RIBÓ *et al.*, 1994; CAJA *et al.*, 1996, 1997) para o desenvolvimento de dispositivos intra-ruminais para ovinos e caprinos apresentaram variados resultados de retenção dependendo das características físicas dos dispositivos.

Características físicas como dimensão, densidade e peso influenciam sua retenção nos pré-estomagos do animal, sendo necessária a sua adequação para garantir TR efetivas nas distintas categorias e espécies animais (CAJA *et al.*, 1999; GARÍN *et al.*, 2003, 2005; GHIRARDI *et al.*, 2006, 2007, CARNÉ *et al.*, 2009a). Da mesma forma, a retenção dos dispositivos está condicionada à espécie animal e a condições extrínsecas (CAJA *et al.*, 1999; RIBÓ *et al.*, 1994; CARNÉ *et al.*, 2009a) tais como tipo de alimentação e manejo.

Cabe ao *International Comittee on Animal Recording* (ICAR), a elaboração de normas e padrões direcionados à avaliação dos sistemas de identificação animal. Características associadas aos dispositivos tais como o material de encapsulamento, a freqüência de ativação e a sua biocompatibilidade fazem parte do conjunto de aspectos avaliados. A entidade prevê ainda que um dispositivo para ser oficialmente aceito para identificação e registro de animais deve apresentar taxas de retenção superiores a 99% (aos seis meses) e 98% (aos 12 meses) (ICAR, 2007).

Idade mínima de aplicação em ovinos e caprinos

A identificação precoce de animais é ferramenta importante de controle do rebanho bem como de operação do sistema de manejo. Além disto, espera-se que os dispositivos aplicados apresentem elevada TR ao longo da vida do animal, dispensando eventuais reidentificações.

A aplicação segura de bolus em idades precoces está intimamente associada ao desenvolvimento anatômico da faringe e do esôfago, órgãos pelos quais o dispositivo deverá passar até atingir o rúmen e retículo (CAJA *et al.*, 1999; GARÍN *et al.*, 2005). A dimensão do bolus usado, em especial o seu diâmetro, são determinantes para a deglutição deste, determinando o momento de sua aplicação (GHIRARDI *et al.*, 2007). Diante disto, a aplicação dos dispositivos deve ser realizada mediante auxilio de aplicador apropriado, devendo o dispositivo ser liberado na porção final da cavidade oral, estimulando a deglutição do mesmo (CAJA *et al.*, 1999). GARÍN *et al.* (2005) sugeriram o emprego de uma sonda para avaliar o diâmetro da abertura esofágica e, desta maneira, identificar o diâmetro máximo do dispositivo a ser aplicado em determinada idade.

Considerando-se que o desenvolvimento corporal do animal está diretamente associado à sua velocidade de crescimento e esta, por sua vez, tem relação com o peso adulto, que difere para cada grupo racial, é perfeitamente compreensível que espécies diferentes, assim como raças distintas, tenham idades variáveis de aplicação dos dispositivos. CARNÉ *et al.* (2009) consideraram o peso vivo como o critério mais acurado para avaliar o desenvolvimento anatômico e determinar o limite para aplicação segura. Entre espécies e mesmo entre raças foram constatadas diferenças para a idade mínima de aplicação dos dispositivos (GARÍN *et al.*, 2005; GHIRARDI *et al.*, 2007. A menor idade de aplicação dos dispositivos observada em caprinos quando comparada a ovinos foi previamente documentada por CAJA *et al.* (1999) em um dos primeiros trabalhos conduzidos com pequenos ruminantes. Na ocasião, avaliando o emprego de cápsula de cerâmica pesando 65 g (20mm de diâmetro externo (d.e) x 66mm de comprimento (c.)), os autores sugeriram peso mínimo superior a 25 kg e 20 kg para aplicação segura em ovinos e caprinos, respectivamente. Em virtude da escassez de trabalhos realizados com cabritos, a idade e peso mínimo para a aplicação de mini-bolus (ex. 20g e d.e.< 11mm) ainda não está bem definida.

Taxa de retenção

A necessidade de identificação precoce dos animais levou a miniaturização dos dispositivos, havendo para isto a necessidade de emprego de materiais de elevada densidade para o encapsulamento dos transponders. Recentemente, foram conduzidas pesquisas direcionadas a adequação das características físicas dos dispositivos com o objetivo de obter taxas de retenção satisfatórias em animais jovens. Dispositivos com pesos variando de 5,2 a 20g e com densidades entre 2,15 e 3,08g/cm³ resultaram em taxas de retenção entre de 43,5% a 100% (GHIRARDI *et al.*, 2007; GARÍN *et al.*, 2003, 2005) tendo como material de encapsulamento compostos produzidos a partir de Alumina (Al_2O_3) e Zircônia (ZrO_2).

A aplicação de mini-bolus em animais a partir da primeira semana de vida resultou em taxas de retenção insatisfatórias, que decorreram principalmente da facilidade de passagem dos dispositivos pelo trato gastrintestinal (GARÍN *et al.*, 2005). A obtenção de taxas de retenção satisfatórias foi possível mediante a otimização das características físicas dos dispositivos, em especial o aumento de sua densidade. No entanto, o peso mínimo recomendado para aplicação segura destes dispositivos permanece como um ponto desfavorável.

Recentemente GHIRARDI *et al.* (2006), avaliando dispositivos produzidos a partir de diferentes materiais e com características distintas, propôs uma equação de regressão baseada no peso e volume dos dispositivos. Como resultado, dispositivos com peso de 16 a 45g, volume variando de 3 a 22ml e densidade de 2 a 5,2g/cm³ foram necessárias para obtenção de taxas de retenção superiores a 99,5% em ovinos.

Na prática, para aplicação segura e retenção efetiva dos dispositivos, bolus com diâmetro inferior a 15 mm, com densidade e peso maiores que 3g/cm³ e 20g, respectivamente, foram recomendadas.

Enquanto ótimas taxas de retenção têm sido obtidas em ovinos em função da adequação das características físicas dos dispositivos, em caprinos contudo a retenção de bolus tem apresentando grande variabilidade, entre 71,4 a 100% (JRC, 2003; CAPOTE *et al.*, 2005; PINNA *et al.*, 2006; CARNÉ *et al.*, 2009a, b) e por esta razão permanecem sendo objeto de pesquisas. Uma das dificuldades observadas pelos pesquisadores em relação aos caprinos está associada à baixa TR de mini-bolus com o aumento da idade dos animais (CARNÉ *et al.*, 2009a)

Embora a regurgitação seja reconhecida como o principal mecanismo de perda de dispositivos (CAJA *et al.*, 1999, GARÍN *et al.*, 2005), a passagem pelo trato digestório após ter superado a barreira crítica do orifício retículo-omasal não deve ser descartada, especialmente quando se tratam de mini-bolus (GARÍN *et al.*, 2005; GHIRARDI *et al.*, 2006, 2007). Associado a isto, GARÍN *et al.* (2005) observaram aumento considerável na perda de dispositivos a partir da quarta semana de vida dos animais, período que coincide com a idade fisiológica em que os pré-estomagos começam a apresentar funcionalidade. Independentemente desta condição, a perda de dispositivos foi atribuída à inadequação de suas características.

Perdas de dispositivos também têm sido relacionadas a mudanças bruscas no regime alimentar. Na Austrália foram relatadas perdas de 6 a 20% dos dispositivos em bovinos em pastejo, associadas à mudança na qualidade da forragem decorrente do início do período chuvoso (AMLC, 1995).

Desempenho e saúde animal

O ICAR prevê que dispositivos implantados em animais sejam recobertos por substância biocompatível e não representem riscos a saúde e ao desempenho dos mesmos. Estudos conduzidos avaliando a efeito de dispositivos produzidos a partir de diferentes substâncias, com as mais variadas características físicas atestam para o seu emprego seguro.

Em trabalhos realizados por Caja *et al.* (1999) e por Ghirardi *et al.* (2007), empregando dispositivos produzidos a partir de alumina (Al_2O_3) e Zircônia (ZrO_2) em ovinos jovens e adultos não foram reportados efeitos negativos sobre a ingestão de matéria seca e digestibilidade dos nutrientes. A este respeito foram relatados efeitos positivos sobre a digestibilidade da fração fibrosa, associada a aumento da queratinização da mucosa do retículo-rumen (GHIRARDI *et al.*, 2007). Também em caprinos, os dispositivos testados não afetaram o consumo e parâmetros ruminais quando avaliados sob diferentes dietas (CAJA *et al.*, 1999; MARTIN *et al.*, 2006). Não foram observados efeitos adversos dos dispositivos sobre o ganho de peso e a mortalidade em cordeiros (GARÍN *et al.*, 2003; GHIRARDI *et al.*, 2007) e cabritos (CASTRO *et al.*, 2004).

Apesar do tamanho dos dispositivos empregados, os primeiros trabalhos conduzidos com ovinos e caprinos não reportaram efeitos adversos dos dispositivos sobre a aparência da parede ruminal (CAJA *et al.*, 1999). Estudos mais minuciosos a este respeito foram conduzidos por Garín *et al.* (2003) e por Castro *et al.* (2004). Os efeitos dos dispositivos sobre o desenvolvimento e histologia do retículo-rúmen durante a fase de amamentação e terminação para ambas as espécies foram positivos. Resultados apontaram para redução da queratinização do epitélio reticular e aumento no tamanho das papilas ruminais em animais identificados precocemente (a partir da primeira semana de vida). Também não foram constatadas reduções de tamanho e volume dos compartimentos reticular e ruminal em função dos diferentes dispositivos empregados. Da mesma forma, CASTRO *et al.* (2004) reportaram que os dispositivos empregados em cabritos não afetaram o tamanho e as características do trato gastrintestinal. Neste caso, a aplicação precoce proporcionou aumento da densidade de papilas ruminais.

Uso da tecnologia R*fid* nos sistemas de identificação

A IE já vinha sendo empregada no manejo alimentar e na coleta de dados para o manejo de fazendas leiteiras desde a década de 70 (ERADUS & ROOSING, 1994). O uso da tecnologia *RFID* tem se tornado comum em inúmeros países, e tem provado ser útil e econômica em locais onde grande número de animais precisa ser manejado em curto período de tempo. Adicionalmente, o monitoramento de doenças usando *RFID* pode minimizar substancialmente as perdas econômicas de um rebanho, bem como o tempo de coleta de dados (SAATKAMP *et al.*, 1997; WISMANNS, 1999). A identificação eletrônica quando comparada ao sistema de identificação visual com brincos possibilitou o aprimoramento de muitos processos. Dentre as principais vantagens apontadas estão a redução dos custos de trabalho e de leituras incorretas (ARTMANN, 1999).

Para GUTIERREZ *et al.* (2005) alguns dos benefícios em se utilizar a IE de animais são: o acompanhamento do tamanho e de características do rebanho, o controle patrimonial, o controle do ganho de peso e da reprodução, a administração de processos financeiros e contábeis associados, incluídos estoques e custos; o controle de aspectos sanitários, como a administração de vacinas, medicamentos e suplementos alimentares, entre outros.

A operacão das atividades também é facilitada com a IE dos animais, pois permite interligar outras ferramentas práticas de manejo ao sistema, tais como as balanças eletrônicas. Nesse caso, os animais que passam no brete são automaticamente identificados, pesados e contados, eliminando desta maneira os erros de identificação, pesagem e contagem, assim como os decorrentes de anotações normalmente feitas no brete (LOPES, 1997).

A IE dos animais por meio da tecnologia RFID fará mais sentido quando infra-estruturas tecnológicas de informação estiverem disponíveis, seja qual for o nível. A manutenção de uma base de dados central, que possibilite a identificação dos criatórios, bem como a identificação individual dos animais é imprescindível (MACHADO & NANTES, 2004).

Deve ser evidenciado que a IE é somente a ponta avançada de um sistema, a qual disponibiliza sua capacidade de coletar um grande número de informações precisas, contribuindo para aumentar o controle e a agilidade do processo (GUTIERREZ *et al.*, 2005). Embora o uso de computadores e da informática possa aumentar a rapidez e a exatidão dos processos de obtenção e manipulação dos dados, deve existir independência entre os sistemas e, ao mesmo tempo, eles devem ser compatíveis (MCKEAN, 2001).

Capítulo 2

AVALIAÇÃO DE DUPLO SISTEMA DE IDENTIFICAÇÃO EM CORDEIRAS DA RAÇA SUFFOLK DESTINADOS A REPOSIÇÃO

Resumo

Um total de 35 cordeiras da raça Suffolk destinadas à reposição foram utilizadas para avaliação de dispositivos de identificação animal. Um duplo sistema de identificação composto por um bolus eletrônico de 20g e um brinco auricular de 4,25g foram avaliados durante 12 meses. O brinco foi aplicado quando os animais tinham um dia de vida e o bolus após desmame quando os animais tinham aproximadamente 23 kg de PV. Foram procedidas leituras de 1 e 7 dias (perdas precoces), quinzenais durante a fase de confinamento e mensais durante o acompanhamento na pastagem (até 12 meses) para determinação da retenção dos dispositivos. A capacidade de leitura (lidos/aptos a leitura x 100) e taxa de retenção (retidos/aplicados x 100) foi estimada aos seis meses e aos 12 meses em conformidade com as recomendações do ICAR. Durante a fase de confinamento (até 40 kg PV) e aos 6 meses ambos os dispositivos apresentaram 100% de capacidade de leitura e taxa de retenção e atenderam às especificações do ICAR. Somente uma cordeira perdeu um brinco aos 8 meses de avaliação. Ao final de 12 meses o brinco apresentou taxa de retenção de 96,14%, enquanto o bolus apresentou 100% de retenção. Em função da baixa perda de dispositivos, diferenças estatísticas não puderam ser estabelecidas. A capacidade de leitura estimada aos 12 meses foi de 100% para os dispositivos avaliados. Aos 12 meses, somente o dispositivo intra-reticular atendeu às especificações do ICAR. Em conclusão, o mini-bolus utilizado provou ser altamente eficiente e pode ser recomendado para utilização em ovinos destinados à reposição. Mais pesquisas com os brincos auriculares e outros dispositivos visuais deverão ser realizadas em maior número de animais para a confirmação dos resultados.

Introdução

Na Comunidade Européia a identificação eletrônica de pequenos ruminantes se tornou importante assunto após 2004, com a publicação de normativa que estabelece o uso de um duplo sistema de identificação para animais de reposição, composto por brinco auricular e um segundo dispositivo a ser escolhido por cada país membro da Comunidade. Nesse caso, estados com rebanho de ovinos e caprinos superior a 600.000 animais devem adotar um dispositivo passivo de radiofreqüência (SANCO, 2005).

No Brasil ainda não foram definidos critérios para a utilização de dispositivos de identificação animal para pequenos ruminantes. Esta limitação traz como conseqüência o uso de dispositivos inadequados, que apresentam baixas taxas de retenção e, sobretudo, são passíveis de fraudes, comprometendo a fiscalização sobre a movimentação animal. A identificação do rebanho ovino comumente é realizada por meio de brincos auriculares das mais variadas configurações e que muitas vezes não atendem ao objetivo primordial de identificar o animal. Uma das razões está associada à falta de critérios para a comercialização de dispositivos, motivada pela inexistência de padrões de regulamentação.

Os dispositivos intra-ruminais utilizados em animais jovens, convencionalmente identificados por mini-bolus, necessitam de adequação quanto ao peso, volume e densidade para que seja possível a sua aplicação precoce e retenção efetiva durante a vida do animal (HASKER & BASSINGTHWAIGHTE, 1996; CAJA *et al.*, 1999). GARÍN *et al.* (2003, 2005) e GHIRARDI *et al.* (2007) obtiveram como resultado taxas de retenção acima de 99% para cordeiros até 24 kg empregando mini-bolus de 20g propriamente desenvolvido e sugeriram como efetivo para a identificação de animais jovens.

Embora a perda de dispositivos visuais seja um problema conhecido, pouco se sabe sobre a extensão destas perdas. Como referência tem sido adotados os critérios do ICAR que estabelecem que, para ser considerado oficialmente aceito, um dispositivo deve apresentar taxam de retenção (TR) superior a 99% (acima de seis meses) e superior a 98% (acima de 12 meses) (ICAR, 2007).

O objetivo deste trabalho foi avaliar em longo prazo o desempenho de um brinco auricular e um bolus intra-ruminal aplicados em cordeiras da raça Suffolk destinadas à reposição como possíveis dispositivos aptos a atender as expectativas de implantação de duplo sistema de identificação oficial para ovinos no Brasil, levando em consideração os critérios do ICAR.

Material e métodos

Animais e procedimentos experimentais foram aprovados pelo Comitê de Ética para uso de animais da Universidade Federal do Paraná (protocolo 032/2010). Foram usadas 35 fêmeas da raça Suffolk pertencentes ao rebanho da Fazenda Experimental do Cangüiri, da Universidade Federal do Paraná.

Por ocasião do nascimento, os recém nascidos foram pesados, tiveram seu umbigo desinfetado com solução de Iodo a 10% e foram identificados na orelha direita com o brinco auricular normalmente utilizado para a identificação do rebanho experimental. Este procedimento foi realizado mediante contenção e utilização de aplicador apropriado. A numeração do brinco realizada com auxílio de marcador próprio tipo caneta, foi composta de cinco dígitos representando o ano e a ordem de nascimento do animal, respectivamente.

Os cordeiros permaneciam com suas mães na pastagem durante o dia e, à noite, os animais eram recolhidos em aprisco suspenso e recebiam silagem e concentrado. Nesta ocasião os cordeiros tinham acesso a alimento concentrado fornecido *ad libitum* em *creep feeding* (22% PB e 72% de NDT) sendo esta a dieta que os animais receberam até o momento do desmame. Os desmames dos animais foram realizados semanalmente quando os animais atingiam peso superior aos 18 kg de peso vivo (aprox. 8 semanas).

Durante a fase de confinamento os animais foram mantidos em aprisco suspenso coletivo, sendo respeitada a área mínima de 1m²/animal. A fase de adaptação dos animais à dieta foi de aproximadamente 10 dias, período em que os animais também foram desverminados e receberam vacina contra clostridioses da marca Sintoxan®. Nesta fase, os animais receberam mistura composta de ração farelada (90% MS) com 22% de proteína bruta (PB) e 75% de nutrientes digestíveis totais (NDT), a base de milho, farelo de soja, farelo de trigo e núcleo mineral mais volumoso (silagem de milho, 29% MS) com 9% de PB e 65% de NDT, ajustados para relação volumoso:concentrado de 50:50%,segundo as recomendações do NRC (2007). Ao saírem do confinamento, as cordeiras integraram o lote de ovelhas mantidas em pastagem de Tifton-85, Hemártria e Aruana. Na pastagem, os animais encontravam água e sal mineral para consumo *ad libitum*. Ao final do outono os animais voltaram a ser recolhidos à noite e suplementados com silagem de milho e concentrado.

Durante o período de avaliação, os animais foram submetidos a protocolo de inseminação artificial e à tosquia. A retenção dos dispositivos foi monitorada posterior a realização das referidas técnicas.

A identificação dos animais com os bolus foi realizada após o desmame e previamente à adaptação dos animais à dieta de confinamento. Por ocasião da aplicação, os animais foram agrupados em baia coletiva para facilitar a contenção dos mesmos. O cordeiro foi contido entre as pernas de um assistente (na altura da paleta), a cabeça do animal foi retida com uma das mãos do operador para assegurar a continuidade entre a cavidade oral e o esôfago e com a outra mão o bolus foi administrado. Uma pistola apropriada foi utilizada para realizar a aplicação, sendo que o bolus foi depositado na região posterior da cavidade oral. Em seguida, a boca dos animais era fechada para induzir o reflexo de deglutição como indicado por CAJA *et al*., (1999). No momento da aplicação, idade e peso dos animais foram registrados.

Todos os dispositivos foram lidos antes a após a aplicação para checar possíveis quebras ou problemas eletrônicos. Um e sete dias após a aplicação repetiu-se a leitura para se determinar perdas precoces, como indicado por GHIRARDI *et al.* (2006). O tempo de administração dos dispositivos foi registrado como sendo o total necessário para a captura, contenção, aplicação e deglutição do dispositivo pelo animal, transcrição dos dados para planilha, leitura para confirmação da retenção e pesagem dos animais.

Leituras para determinação da taxa de retenção (TR) dos dispositivos foram procedidas em intervalos semanais, durante o período de confinamento, e mensalmente, depois da saída do confinamento até completarem 1 ano de avaliação (Figura 1). Pesagens eram procedidas no momento das leituras com a finalidade de acompanhar o desempenho dos animais e associar possíveis perdas ao peso determinado.

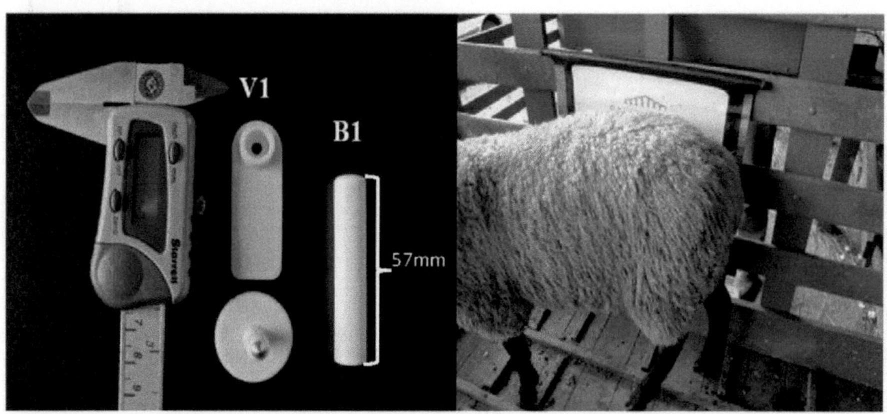

FIGURA 1. Dispositivos avaliados (B1 mini-bolus e V1 brinco auricular) e leitura estática em cordeiras da raça Suffolk.

A capacidade de leitura (C.Lt.) do dispositivo foi estimada como sendo a relação entre o número de dispositivos aptos à leitura em relação ao número de dispositivos aplicados e expressa em valores percentuais (CAJA *et al.*, 1999; CONILL *et al.*, 2000). A TR de ambos os dispositivos, também expressa em valores percentuais, foi calculada por meio da divisão do número de dispositivos retidos em relação aos aplicados, multiplicado por 100.

Os dispositivos avaliados foram um mini-bolus cilíndrico produzido com uso de cerâmica de alta densidade e um brinco auricular confeccionado a partir de poliuretano (Figura 2). O mini-bolus foi desenvolvido para a administração precoce (ex. antes do desmame) em cordeiros e para apresentarem retenção efetiva (> 98% após 12 meses de avaliação) em ovinos adultos, de acordo com as recomendações do ICAR (ICAR, 2007).

O mini-bolus foi produzido comercialmente pela empresa Saint Gobain/Certag, Brasil, e apresentava as seguintes características: Peso igual a 20g, diâmetro externo igual a 11,2mm, comprimento igual a 57mm e densidade igual a 3,1g/cm³. Também um brinco auricular , confeccionado em poliuretano de formato retangular, composto por peça macho e fêmea e com peso de 4,25g e comprimento x largura de 5,2mm x 1,5mm respectivamente, foi avaliado.

O mini-bolus continha em seu interior um *transponder* passivo encapsulado em vidro, *half-duplex (HDX* – comunicação não simultânea entre transponder e leitor (32 x 3,8 mm; Texas), somente leitura. O *transponder* operava em freqüência de 134.2 kHz de acordo com os padrões 11784 e 11785 da *International Organization for Standardization* (ISO) (ISO, 1996a, b). O código do *transponder* incluía o número da empresa, 400 (Certag) conferido pelo ICAR, e um número serial de 12 dígitos.

Uma amostra de 10 bolus e brincos foram utilizados para determinar suas características sob condições laboratoriais, usando balança digital com precisão de 0,2 g e paquímetro digital (Starrett®, 727). A densidade foi determinada no Laboratório de Física da UFPR, de acordo com o princípio de Archimedes, como indicado por GHIRARDI *et al.* (2006). Isto foi necessário uma vez que os dispositivos não eram produzidos comercialmente e apresentavam variabilidade.

Leituras foram realizadas com leitor (transceiver) estático modelo SG 1.5 Reader (Saint Gobain®) conectado a uma antena do tipo painel (60 x 80 cm), com distância de leitura acima de 65 cm de acordo com as normas 11785 da ISO. O leitor foi usado para realizar todas as leituras de acompanhamento na fazenda e por ocasião do abate dos animais. O mesmo detectava e armazenava o código dos transponders que eram passados para uma planilha manual. O acompanhamento da TR do brinco era realizado no momento em que a leitura dos dispositivos eletrônicos foi procedida. Além da retenção dos dispositivos, a sua integridade também era avaliada.

O delineamento experimental utilizado foi o inteiramente casualizado. A retenção dos dispositivos de identificação foi analisada por meio do procedimento CATMOD do SAS levando em consideração a natureza categórica das variáveis. Em adição ao modelo lógico, uma análise não paramétrica (Kaplan – Meier) e testes de igualdade entre os estratos foram realizados para os dispositivos de identificação por meio do procedimento LIFETEST do SAS. Esta análise permite que a retenção dos dispositivos de identificação seja comparada durante todo o período de estudo sem excluir dados censorados (animais que deixaram o estudo antes de perder um dispositivo).

Resultados e discussão

Ao final de um ano de avaliação, 33 borregas (94,2%) dos animais inicialmente identificados permaneciam monitoradas. Foram registradas duas mortes ao longo do experimento. Nenhum dos casos foi associado à administração dos dispositivos e a taxa de mortalidade média anual foi de aproximadamente 6%. Estes valores estão dentro da média de 05 a 08% observados na Fazenda Experimental nos últimos anos (comunicação pessoal). Os dados associados ao momento da aplicação podem ser vistos na Tabela 1.

Não foram observadas falhas eletrônicas nos bolus aplicados que apresentaram 100% de capacidade de leitura. Também não foram observadas ranhuras, quebras ou dificuldade de leitura do número marcado nos brincos que comprometessem a capacidade de leitura. Dois animais apresentaram sinais de infecção resultantes do orifício produzido pela aplicação dos brincos que, no entanto, não afetaram a taxa de retenção dos mesmos. As infecções geralmente estão associadas à lesão no momento da aplicação e podem resultar em alargamento do orifício de aplicação do dispositivo e sua conseqüente perda (EDWARDS *et al.*, 2001).

TABELA 1. Registros associados à aplicação dos dispositivos em cordeiras da raça Suffolk.

Variáveis	Tipo de dispositivo[1]	
	B1	V1
Animais identificados	35	35
Idade à aplicação (dias)	77,55 ± 12,9	1
Peso, (kg)	22,39 ± 2,57	4,5 ± 0,9
Problemas na aplicação	não houve	não houve

[1]Abreviações: B1, mini-bolus 20g e 57 x 11,2mm; V1, brinco auricular feito em poliuretano 4,25g.

Nenhuma cordeira apresentou dificuldades para a deglutição do bolus, o que provavelmente esteve associado ao elevado peso dos animais no momento da aplicação. Os dispositivos foram administrados aos animais quando estes apresentavam peso médio de 22,39 ± 2,57 e idade média de 77,55 ± 12,9 dias. Com cordeiros da raça Manchega e Lacaune (aptidão leiteira) e Ripollesa (carne), pesos superiores a 9,9 e 9,3kg, respectivamente foram recomendados para aplicação segura de dispositivo de 20,1g (GHIRARDI *et al.*, 2007). GARÍN *et al.* (2003), empregando dispositivos de características semelhantes, recomendaram a aplicação segura dos dispositivos em cordeiros a partir de 12 kg.

Este trabalho não objetivou avaliar a idade mínima de aplicação do dispositivo, o que permanece sendo objeto de pesquisas futuras. Sob condições práticas e considerando a perspectiva de uso de softwares de gestão, a possibilidade de aplicação dos dispositivos com um mês de idade, ou no mais tardar, no momento do desmame dos animais deve ser almejada, uma vez que os primeiros registros de desempenho normalmente são realizados neste momento. De outra forma, considerando a diferença de desempenho para as diversas raças e condições de manejo, a identificação dos animais com peso superior ao recomendado na literatura deve ser priorizada para assegurar que o procedimento transcorra sem complicações.

Em razão do elevado peso dos animais no momento da aplicação, este procedimento foi realizado mais eficientemente por duas pessoas. CAJA *et al.* (1999) sugeriram que um único operador poderia realizar esta prática quando animais de peso inferior a 15kg fossem identificados. O tempo total para aplicação dos dispositivos foi de 40 minutos e levou em consideração o tempo para a contenção, aplicação, transcrição dos dados, leitura e pesagem. Assim, o tempo médio de aplicação por animal foi de 1min e 14s. GHIRARDI *et al.* (2007) reportaram tempo médio de 35s, incluindo o tempo de contenção e transcrição do número dos animais. O tempo de aplicação obtido neste trabalho foi inferior ao tempo médio requerido para a aplicação dos dispositivos em borregas, superior a 2 min/animal no projeto IDEA (RIBÓ *et al.*, 2003).

Na Tabela 2 pode ser observada a taxa de retenção dos dispositivos durante o confinamento e aos seis meses de avaliação. Não foram observadas perdas precoces (1 dia e 1 semana) de bolus, sugerindo que o design dos dispositivos era adequado.

TABELA 2. Avaliação de dispositivos de identificação intra-ruminal e visual em cordeiras da raça Suffolk durante a fase de confinamento e aos 6 meses.

	Tipo de dispositivo	
Variáveis avaliadas	B1	V1
Durante confinamento		
Nº dispositivos administrados	35	35
Capacidade de leitura, %	100	100
Taxa de retenção, %	100	100
Pastagem até 6 meses		
Nº dispositivos administrados	0	0
Capacidade de leitura, %	100	100
Taxa de retenção, %	100	100

[1]Abreviações: B1, mini-bolus 20,0g e 57 x 11,2 mm; V1, brinco auricular feito em poliuretano 4,25g.

As cordeiras deixaram o confinamento com peso médio de 39,2 ± 4,0 kg e idade média de 155 dias. O tempo médio de avaliação dos dispositivos em confinamento foi de 70 dias O ganho médio diário nesta fase foi de 240g, o que esteve dentro dos valores obtidos para fêmeas em confinamento nas pesquisas realizadas neste mesmo Laboratório.

Com base no ganho de peso dos animais pode-se inferir que os dispositivos não apresentaram efeito sobre a saúde e desempenho dos animais. Esta constatação também é embasada em estudo paralelo que foi desenvolvido, no qual os machos foram abatidos ao final do estudo e as características macroscópicas da parede do retículo não apresentavam sinais de alteração (dados não publicados), (Figura 2). Em outros estudos conduzidos recentemente não foram observados efeitos adversos dos dispositivos sobre o ganho de peso e a mortalidade em cordeiros (GARÍN *et al.*, 2003; GHIRARDI *et al.*, 2007) e cabritos (CASTRO *et al.*, 2004).

Nenhuma perda de dispositivo foi observada durante a fase de confinamento e a taxa de retenção de ambos os dispositivos foi de 100%, sugerindo que o peso, volume e a densidade dos dispositivos empregados são adequados para a identificação dos animais até o momento do abate (40 kg de PV). A capacidade de leitura também não foi alterada nesta fase.

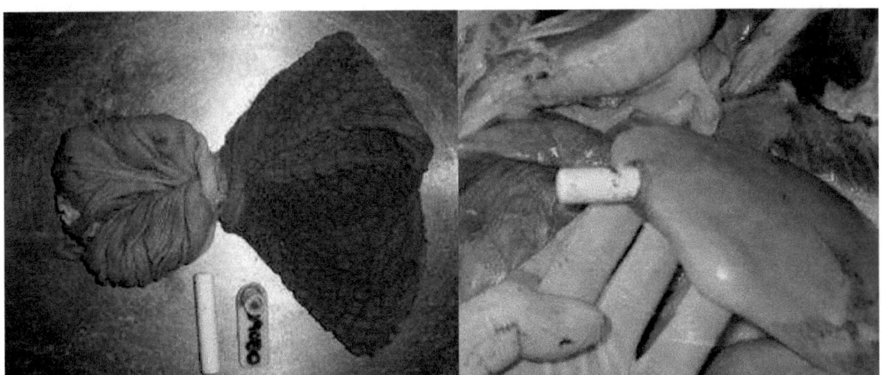

FIGURA 2. Recuperação do bolus do retículo de cordeiro Suffolk após abate e características macroscópicas da parede do compartimento reticular.

Ao saírem do confinamento as cordeiras passaram a integrar o rebanho adulto mantido em pastagens de Tifton-85, Aruana e Hemártria. Uma semana após a saída dos animais do confinamento foi realizada uma leitura e não foi observada a perda de dispositivos em função da mudança do regime alimentar dos animais. Na Austrália, o Departamento de Produção Animal relatou perdas de 6 a 20% dos dispositivos em bovinos sob pastejo, associadas à mudanças bruscas na qualidade da forragem (AMLC, 1995). Também, GARÍN *et al.* (2005) relataram perda de dispositivos em ovinos associadas a alterações bruscas de alimentação.

Aos seis meses de idade ambos os dispositivos apresentaram 100% de taxa de retenção e, portanto, atenderam as exigências do ICAR ($\geq$ 99% de TR aos 6 meses). A capacidade de leitura estimada aos seis meses de idade também foi de 100% para os dois dispositivos.

No oitavo mês após a aplicação quando os animais se encontravam em pastagem de Tifton-85, houve perda de um brinco auricular de uma cordeira com 60 kg de PV. A causa real de perda do dispositivo não foi constatada, pois o mesmo não foi encontrado. Provavelmente a perda esteve associada ao enrosco em cerca e posterior quebra, isto porque a orelha não apresentava sinais de lesão e o diâmetro do orifício de aplicação apresentava tamanho normal. CARNÉ *et al.* (2009) sugeriram que a perda de dispositivos poderia estar associada ao desprendimento das peças macho e fêmea uma vez que observaram diferenças no diâmetro de acoplamento entre partes dos dispositivos. O ICAR prevê que a força necessária para rompimento dos brincos auriculares deva ser de aproximadamente 28,5 ± 2 kg (ICAR, 2007). Este tipo de informação é de extrema relevância uma vez que diz respeito à qualidade do material de fabricação. Em nossos estudos, esta avaliação não foi realizada, mas é importante que seja feita por entidades de fiscalização.

CARNÉ *et al.* (2009) também sugeriram que a conformação da orelha poderia ser o principal fator a afetar a taxa de retenção dos dispositivos visuais, contudo o tipo de manejo e instalação também poderiam contribuir para este fato.

Não foram observados problemas de ranhuras, mordidas ou dificuldade de leitura nos brincos aplicados. GHIRARDI *et al.* (2007) relataram que os cordeiros mais velhos danificaram 1,3% dos brincos ao final da fase de confinamento (até 24kg). A dificuldade de visualização do verdadeiro número, os erros de transcrição e o trabalho de coleta manual de dados feito em planilhas foram os principais problemas enfrentados neste trabalho e concordam com o reportado por MACHADO & NANTES (2004) e PINNA *et al.* (2006).

Há que se considerar o fato de que os dispositivos externos estão sujeitos a fatores, os quais nem sempre são passiveis de controle. Além da retenção, que pode ser comprometida pela quebra ou perda do dispositivo, existe a possibilidade real de fraude nos identificadores externos sejam eles visuais ou eletrônicos. De outra forma, a retenção dos dispositivos intra-reticulares pode ser efetiva uma vez que suas características sejam adequadas. De acordo com nosso conhecimento não existem até o presente momento referências bibliográficas disponíveis sobre a retenção de dispositivos visuais para ovinos no Brasil.

Aos 8 meses de avaliação os dispositivos visuais apresentaram taxa de retenção de 96,9% (Figura 3).

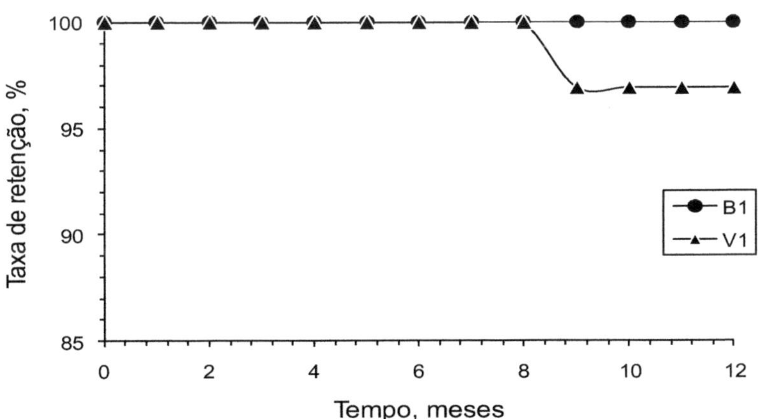

FIGURA 3. Taxa de retenção de dispositivo visual (V1 brinco auricular) e intra-ruminal (B1 mini-bolus) em cordeiras da raça Suffolk, ao final de 12 meses.

O ICAR prevê que para ser considerado como dispositivo oficialmente aceito o mesmo deve apresentar taxa de retenção ≥ 98%, 12 meses após ter sido aplicado. Por volta do 9º mês após a aplicação os animais foram submetidos a um procedimento reprodutivo. Parte das borregas foi inseminada por via transcervical e parte pela técnica de laparoscopia, após jejum prévio de 16 horas. Embora houvesse possibilidade de perda dos bolus por regurgitação associada ao esvaziamento parcial do trato e a inversão parcial e completa dos animais sobre a maca em função das técnicas empregadas, estas não foram registradas. CARNÉ *et al.*(2009b) relataram a perda de dispositivo por regurgitação em cabra da raça Boer após ter sido submetida a técnica de inseminação por laparoscopia.

Da mesma forma não foram observadas perdas de dispositivos visuais ou eletrônicos após os animais terem sido submetidos à tosquia por volta do 11º mês de avaliação. Esta prática pode resultar em perda de dispositivos especialmente no caso de animais que apresentem cobertura de lã na região da cabeça ou mesmo com lã em grande volume. A capacidade de leitura a longo prazo (12 meses) dos diferentes dispositivos pode ser observada na Tabela 3.

TABELA 3. Capacidade de leitura estimada e monitoramento dos dispositivos de identificação, em cordeiras da raça Suffolk, aos 12 meses.

	Tipo de dispositivo[1]	
Variáveis avaliadas	V1	B1
Dispositivos aplicados, n	35	35
Dados censorados, n[2]	33	33
Número de perdas	0	1
Falhas, n[3]	0	0
Capacidade de leitura estimada, %	100	100

[1]Abreviações: B1, mini bolus 20g e 57 x 11,2mm; V1, brinco auricular feito em poliuretano 4,25g.
[2] Dispositivos em que falhas não foram observados durante o estudo, ou que deixaram o estudo antes dos 12 meses. [3] Dispositivos não lidos

A taxa de retenção do brinco auricular ao final da avaliação foi de 97,6% e o mini-bolus apresentou 100% de taxa de retenção. Em razão do baixo número de perdas diferenças não puderam ser estabelecidas. A C.Lt. estimada aos 12 meses para os dispositivos avaliados foi de100%. Em função de não terem sido registrados problemas que comprometessem a leitura dos dispositivos as diferenças estatísticas também não puderam ser estabelecidas.

Desta forma, após 12 meses de avaliação, somente o bolus intra-ruminal atendeu as exigências do ICAR (≥ 98% de TR aos 12 meses) (ICAR, 2007). Isto reforça nosso entendimento em relação ao emprego de um duplo sistema de identificação. Embora tenha havido 100% de taxa de retenção do dispositivo intra-ruminal, o emprego de um duplo sistema de identificação composto por dispositivo visual e intra-ruminal é importante, uma vez que dispositivos eletrônicos exigem a utilização de aparatos de leitura nem sempre disponíveis em todos os ambientes. De outra forma os dispositivos visuais, mesmo que apresentem taxas de retenção adequadas, não estão livres de fraudes. A utilização de ambos se justifica para atender as expectativas da identificação e como possibilidade de automação dos processos produtivos.

CONCLUSÕES

Para ovinos destinados ao abate com 40 kg e também após seis meses de avaliação, ambos os dispositivos utilizados apresentaram 100% de retenção e poderiam ser recomendados para identificação de acordo com os critérios do ICAR.

Com 12 meses de avaliação somente o bolus intra-ruminal atendeu as exigências do ICAR e sua utilização pode ser recomendada para ovinos destinados à reposição.

No caso dos bolus, taxas de retenção efetivas até os 6 meses são indicadores positivos para predizer sua retenção em ovinos adultos.

Capítulo 3

AVALIAÇÃO DA RETENÇÃO DE BOLUS INTRA-RUMINAIS EM OVELHAS DA RAÇA SUFFOLK SOB MANEJO SEMI-INTENSIVO

RESUMO

Um rebanho de 57 ovelhas da raça Suffolk com idade média de 6 anos foi utilizado para avaliação do desempenho de dispositivos intra-ruminais. Três tipos de dispositivos compreendendo um mini-bolus B1: 21,75g, n = 21, um bolus pequeno, B2: 29,52g, n = 18 e um bolus padrão, B3: 74,4, n = 18) foram avaliados durante 6 meses. Os dispositivos foram aplicados com auxilio de aplicador adaptado a cada tamanho de bolus. O tempo necessário para aplicação dos dispositivos após contenção foi avaliado. Foram procedidas leituras de 1 e 7 dias (perdas precoces), e mensais até o sexto mês para determinação da retenção dos dispositivos. A capacidade de leitura (lidos/aptos a leitura x 100) e taxa de retenção (retidos/aplicados x 100) foi estimada aos seis meses em conformidade com as recomendações do ICAR. O tempo de aplicação variou em função do dispositivo empregado e foi maior ($P<0,05$) para o bolus padrão (32,8s) quando comparado ao bolus pequeno (8,5s) e mini-bolus (9,2s) que não diferiram entre si ($P>0,05$). A taxa de retenção (TR) estimada ao final de seis meses também foi de 100% entre os bolus testados. Aos 6 meses todos os dispositivos atenderam as especificações do ICAR (TR > 99%). A capacidade de leitura estimada ao final de 6 meses foi de 100% para os dispositivos testados. Em função de não terem sido registradas perdas de dispositivos e/ou falhas eletrônicas, diferenças estatísticas não puderam ser estabelecidas. Os resultados sugerem que o peso, volume e a densidade dos bolus avaliados são adequados para apresentarem retenção efetiva em ovinos adultos. Seria importante a continuidade da avaliação até 12 meses.

INTRODUÇÃO

No Brasil, legislações que regulamentem os sistemas de identificação e registro de animais vêm recebendo maior atenção uma vez que a manutenção e o acesso de produtos de origem animal ao mercado europeu, como é o caso da carne bovina, trouxe recentemente a necessidade de introdução de sistemas de identificação eletrônica (GERMAIN, 2005).

Na Europa, o bolus eletrônico tem provado ser um dispositivo de identificação confiável e livre de fraudes para ruminantes do nascimento ao abate (CAJA *et al.*, 1999; FALLON, 2001; GARÍN *et al.*, 2005) e com grande inserção em programas de rastreabilidade. A coleta automatizada de dados, a redução da mão-de-obra e de erros de identificação são fatores favoráveis ao emprego da tecnologia de identificação por radio freqüência (*RFID*).

No país, os primeiros testes com bolus eletrônico intra-ruminal em pequenos ruminantes estão sendo desenvolvidos a partir do presente trabalho. A ausência de critérios para a identificação de rebanhos ovinos e a demanda atual por sistemas de identificação mais eficientes representa uma oportunidade para a inserção deste sistema.

A retenção dos dispositivos nos pré-estomagos dos animais está associada em grande parte ao peso, volume e densidade (HASKER & BASSINGTHWAIGHTE, 1996; CAJA *et al.*, 1999). A facilidade de aplicação por sua vez, está relacionada à dimensão do bolus, em especial, o seu diâmetro (GHIRARDI *et al.*, 2007).

Os bolus eletrônicos produzidos pela indústria nacional ainda não foram avaliados quanto ao seu desempenho, embora tenham sido homologados pelo ICAR.

O objetivo deste trabalho foi avaliar diferentes bolus intra-ruminais quanto a sua facilidade de aplicação e a retenção em ovelhas da raça Suffolk criadas semi-intensivamente. Adicionalmente, tem como objetivos validar/elencar a utilização de um dispositivo único para identificação de rebanhos ovinos independente de raça ou aptidão produtiva.

MATERIAL E MÉTODOS

Os procedimentos experimentais foram aprovados pelo Comitê de Ética para uso de animais da Universidade Federal do Paraná (protocolo 032/2010). Um total de 57 ovelhas da raça Suffolk pertencentes ao rebanho da Fazenda Experimental da Univerdade Federal do Paraná localizada no município de Pinhais, PR, foram utilizadas. Os animais utilizados tinham idade média de 6 anos e foram monitorados por seis meses.

Os animais eram criados semi-intensivamente, e tinham acesso a pastagens perenes de Tifton-85, Aruana e Hemártria sobre-semeadas com aveia e azevém no período de inverno. O sistema de utilização das pastagens era o pastejo intermitente. Durante o terço final de gestação e durante a lactação, os animais foram recolhidos em aprisco suspenso coberto e suplementados com silagem de milho e concentrado para atender suas exigências de acordo com as recomendações do NRC (2007).

Por ocasião da aplicação dos dispositivos em inicio de agosto, parte dos animais havia parido e estava em fase de amamentação, e parte estava em final de gestação. Todas as ovelhas foram submetidas a um protocolo de indução hormonal e inseminadas pela técnica transcervical durante o período experimental.

Três tipos de bolus cilíndricos da marca Certag (Vinhedo, Brasil) foram utilizados. Os bolus foram confeccionados em material atóxico, não poroso e de alta densidade. As características dos dispositivos podem ser observadas na Tabela 4. O primeiro dispositivo (B1) foi desenvolvido para a administração precoce (ex. antes do desmame) em cordeiros e para apresentarem retenção efetiva (> 98%) em ovinos adultos de acordo com as recomendações do *International Comitte on Animal Recording* (ICAR, 2007). B2 é considerado um dispositivo pequeno e foi desenvolvido propriamente para teste em ovinos. O terceiro dispositivo (B3) foi um bolus de dimensionamento padrão para a administração em ovinos e caprinos com mais de 3 meses de idade de acordo com CAJA *et al.* (1999).

Cada bolus continha em seu interior um transponder passivo encapsulado em vidro "*Half-Duplex (HDX* – comunicação não simultânea entre transponder e leitor*)* (32 x 3,8 mm; Texas), somente leitura. Os números de série dos *transponders* incluíam o número da empresa fabricante, (Certag, 400) e um número serial de 12 digitos conferido pelo ICAR (ICAR, 2007) de acordo com as normas ISO (International Organization for Standardization) padrão 11784 de identificação eletrônica (ISO, 1996a). Os *transponders* operavam em uma freqüência de 134.2 kHz de acordo com o padrões 11785 da ISO, (ISO, 1996a, b).

TABELA 4. Características dos dispositivos intra-ruminais utilizados na identificação de ovelhas da raça Suffolk.

	Bolus intra-ruminal[1]		
Dimensões	B1	B2	B3
Diâmetro externo, (mm)	11,5 ± 0,07	14,76 ± 0,06	19,3 ± 0,05
Comprimento, (mm)	58,0 ± 0,33	48,5 ± 0,09	69,8 ± 0,30
Peso, (g)	21,65 ± 0,48	29,52 ± 0,08	74,44 ± 078
Volume, (mL)	7	9	22
Densidade, g(/cm³)	3,01 ± 0,02	3,02 ± 0,01	3,37 ± 0,08

[1]Bolus cilíndrico confeccionado a partir de Alumina (Al_2O_3), contendo um transponder HDX encapsulado em vidro (Certag, Saint Gobain, Brasil).

Em razão dos dispositivos utilizados serem prensados, uma amostra de 10 bolus de cada tipo foi coletada com o objetivo de determinar suas características sob condições laboratoriais, usando uma balança digital com precisão de 0,2 g e um paquímetro digital (Starrett®, 727). A densidade foi determinada no Laboratório de Física da UFPR, de acordo com o princípio de Archimedes, como indicado por GHIRARDI *et al.* (2006).

Os bolus foram administrados por pessoas previamente treinadas usando aplicadores adaptados a cada tipo de bolus. Para a administração, um assistente conteve cada animal lateralmente para manter a cabeça em posição natural e a aplicação seguiu recomendações de CAJA *et al.* (1999).

Após a administração, cada bolus foi lido sob condições estáticas com o animal retido utilizando um transceiver (leitor) estático (SG 1.5, Saint Gobain) conectado a uma antena tipo painel. O tempo necessário para a aplicação dos dispositivos após o animal ter sido contido foi registrado para cada animal e segundo o tipo de bolus. Incidências associadas a aplicação foram registradas. Após a administração, todos os bolus foram lidos em condições estáticas com 1 dia, uma semana para determinar perdas precoces (GHIRARDI *et al.*, 2006), um mês e mensalmente até o sexto mês.

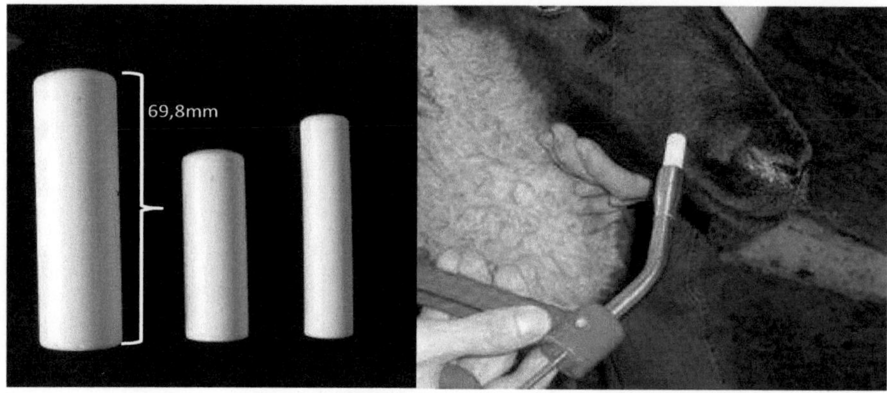

FIGURA 4. Dispositivos (B1 mini-bolus, B2 bolus pequeno e B3 bolus padrão) e aplicador utilizado para identificação de ovelhas Suffolk.

A taxa de retenção dos diferentes dispositivos, expressa em valores percentuais, foi calculada por meio da divisão do número de dispositivos retidos em relação aos aplicados, multiplicado por 100. A capacidade de leitura do dispositivo foi estimada como sendo a relação entre o número de dispositivos aptos a leitura e o número de dispositivos aplicados (CAJA *et al.*, 1999; CONILL *et al.*, 2000).

Todos os animais que morreram ou foram abatidos durante o estudo foram monitorados e tiveram os dispositivos recuperados.

Para a análise estatística, médias dos quadrados mínimos da idade e do PV na administração dos dispositivos foram obtidos com o procedimento GLM do SAS. O tempo médio para aplicação dos dispositivos foi analisado por meio do procedimento GLM do SAS.

A retenção dos dispositivos e a capacidade de leitura foram analisadas por meio do procedimento CATMOD do SAS levando em consideração a natureza categórica das variáveis. Uma análise não paramétrica (Kaplan – Meier) e testes de igualdade entre os estratos foram realizadas para os dispositivos de identificação por meio do procedimento LIFETEST do SAS (SAS, 2002). Esta análise permite que a retenção dos dispositivos de identificação seja comparada durante todo o período de estudo sem excluir dados censorados (animais que deixaram o estudo antes de perder um dispositivo).

RESULTADOS E DISCUSSÃO

Os dados associados ao momento da aplicação podem ser observados na Tabela 5. Aos seis meses, 56 animais (98,2%) inicialmente identificados permaneciam monitorados.

TABELA 5. Registros associados à aplicação de bolus intra-ruminais em ovelhas da raça Suffolk.

	Bolus eletrônico[1]			Média
Variáveis avaliadas	B1	B2	B3	
Animais identificados	20	18	18	-
Idade na aplicação (anos)	$5{,}98 \pm 2{,}1^a$	$6{,}1 \pm 2{,}5^a$	$6{,}1 \pm 2{,}6^a$	6,06
Peso, (kg)	$80{,}9 \pm 11{,}0^a$	$88{,}7 \pm 5{,}8^a$	$86{,}0 \pm 8{,}0^a$	85,07
Tempo de aplicação, (segundos)	$9{,}5 \pm 2{,}7^a$	$8{,}2 \pm 2{,}0^a$	$32{,}8 \pm 6{,}9^b$	16,62
Problemas na aplicação	não houve	não houve	não houve	-

[a,b] Na linha dados com letras diferentes, diferem (P< 0,05).

[1] Abreviações: B1, mini-bolus 21,6g e 57,6 x 11,5mm; B2, bolus 29,5g e 48,5 x 14,7mm; B3, bolus padrão 74,4g e 69,8 x 19,3mm.

O peso e a idade média dos animais no momento da aplicação não variaram (P>0,05). Na aplicação, os animais apresentavam peso médio de 85 kg e idade média de 6,06 anos. Dados de literatura sugeriram a aplicação segura do mini-bolus e bolus padrão com peso superior a 12 e 25kg, respectivamente (CAJA *et al.*, 1999; GARÍN *et al.* 2003, 2005; GHIRARDI *et al.*, 2007). A recomendação de peso para aplicação do bolus de 30g não foi encontrada na literatura disponível.

Em razão do elevado peso dos animais no momento da aplicação, a mesma transcorreu sem complicações. Ausência de problemas na aplicação dos dispositivos foram relatados por CAJA *et al.* (1999) STANFORD *et al.* (2001) em animais adultos e por GARÍN *et al.* (2003, 2005) e GHIRARDI *et al.* (2007) trabalhando com cordeiros, quando a dimensão do bolus foi adaptada ao tamanho dos animais.

Também não foram observadas alterações aparentes de comportamento ou injúria nos animais, após a aplicação dos três tipos de bolus, concordando com o fato de que estes bolus podem ser aplicados com segurança por pessoas treinadas para caprinos e ovinos jovens com PV superior a 20 e 25 kg, respectivamente (CAJA *et al.*, 1999).

O tempo necessário para aplicação dos dispositivos é um indicador da facilidade associada ao procedimento. O tempo avaliado neste trabalho incluiu o tempo necessário para introdução do aplicador, aplicação e deglutição pelo animal e variou em função do bolus empregado. O tempo de aplicação do mini-bolus, B1 (9,5 ± 2,7s) não diferiu do tempo de aplicação do bolus pequeno, B2 (8,27 ± 2,0s). Ambos foram inferiores ($p<0,05$) quando comparados ao tempo de aplicação do bolus padrão B3 (32,8 ± 6,9s). O tempo de aplicação do bolus padrão foi superior ao reportado por CAJA *et al.* (1999) em um dos primeiros trabalhos com bolus intra-ruminais no qual, utilizando um bolus de 65 g foi observado tempo de 24s para aplicação em ovinos a partir de 25 kg.

No momento da aplicação do bolus padrão alguns animais expulsaram o bolus por uma ou mais vezes o que determinou um tempo maior para o procedimento. O mesmo não foi observado para os demais dispositivos (B1 e B2) que foram facilmente deglutidos. O diâmetro externo do bolus padrão (B3 = 19,3mm) era superior ao do bolus pequeno (B2 = 14,76mm) e praticamente o dobro do mini-bolus (B1 = 11,58mm) utilizado, e neste caso é possível que foi determinante no momento da sua deglutição. Trabalhando com caprinos, CARNÉ *et al.* (2009) reportaram diferenças para o número de tentativas de aplicação, que neste caso foram superiores para o bolus de tamanho padrão quando comparadas ao mini-bolus usado.

GHIRARDI *et al.* (2007) sugeriram que a dimensão do bolus, em especial o seu diâmetro, são determinantes para a deglutição deste pelo animal determinando o momento de sua aplicação. Adicionalmente, pode se concluir que a dimensão do dispositivo utilizado influencia o tempo de aplicação independente da idade do animal, indicando o grau de dificuldade para deglutição do mesmo.

Por se tratarem de animais de raça e linhagem de grande porte, foi constatado durante o trabalho que em animais maiores, o aplicador utilizado não atingia a base da língua e o bolus era liberado na região mediana da cavidade oral. Este procedimento pode aumentar o tempo de aplicação, uma vez que permite ao animal manipular facilmente o bolus em sua boca e expulsá-lo. Esta observação trouxe como sugestão a necessidade de adequação do tamanho do aplicador utilizado em função da raça e/ou categoria a ser identificada em estudos posteriores.

Os dados avaliados no período de estudo podem ser observados na Tabela 6.

TABELA 6. Capacidade de leitura estimada e monitoramento dos dispositivos aplicados em ovelhas da raça Suffolk ao final de seis meses.

	Bolus intra-ruminal[1]			
Variáveis avaliadas	B1	B2	B3	Total
Dispositivos aplicados	20	18	18	57
Dados censorados, n[2]	20	18	17	56
Número de perdas	0	0	0	0
Falhas, n[3]	0	0	0	0
Capac. de leitura estimada, %	100	100	100	100

[1]Abreviações: B1, mini-bolus 21,6g e 57,6 x 11,5mm; B2, bolus 29,52g e 48,6 x 15,04mm; B3, bolus padrão 74,4g e 69,6 x 19,35mm. [2]Dispositivos em que falhas não foram observados durante o estudo, ou que deixaram o estudo antes dos 6 meses. [3] Dispositivos não lidos

Nas leituras de 1 e 7 dias, perdas precoces não foram observadas em função do tipo de dispositivo empregado. Retenções efetivas (100%) com 1 dia e uma semana após a aplicação são indicativos do adequado dimensionamento dos dispositivos. Na literatura, perdas por regurgitação foram relatadas especialmente quando a densidade dos dispositivos aplicados foi reduzida (inferior a 3g/cm^3) (GARÍN *et al.*, 2003, 2005; GHIRARDI *et al.*, 2007). Por se tratar de um dispositivo não afixado a perda via oral associada ao fenômeno de remastigação do bolo alimentar é possível caso a densidade do bolus seja inferior à do alimento. De outra forma, mesmo que a densidade seja adequada isto também será possível caso o volume do dispositivo seja incompatível.

Com 1mês de avaliação nenhum dispositivo foi perdido e a taxa de retenção média foi de 100%. Também não foram observadas falhas eletrônicas ou outro problema que comprometesse a identificação do número dos transponders, e, assim a capacidade de leitura estimada entre os dispositivos foi de 100%. Falhas eletrônicas de 0,1 a 4% (caprinos) e 0.004 a 0,28% (ovinos) foram reportadas no projeto IDEA (RIBÓ *et al.*, 2002). A ausência de falhas observada no presente estudo está de acordo com os valores (<0,01%) reportados por outros autores (RIBÓ, 1996, CAJA *et al.*, 1999).

A dieta dos animais é um fator extrínseco que pode afetar a retenção dos bolus. Perdas de dispositivos em bovinos e ovinos estiveram associadas à mudanças bruscas na alimentação (AMLC, 1995; GARÍN *et al.*, 2005). Nos estudos conduzidos na Europa, a maioria das perdas de dispositivos ocorreu em caprinos leiteiros manejados sob condições intensivas, com dietas baseadas em concentrado (MAPA, 2002; JRC, 2003). Apesar da variação na dieta dos animais e da inclusão de concentrado não foi observado efeito desta sobre a retenção dos dispositivos no presente estudo. A taxa de retenção dos dispositivos ao longo do estudo é apresentada na Figura 5.

Durante o estudo aproximadamente 5% dos animais perderam o brinco auricular utilizado para controle da fazenda. Nestas ocasiões, a reidentificação do animal com o número correto do brinco foi possível mediante leitura eletrônica do bolus.

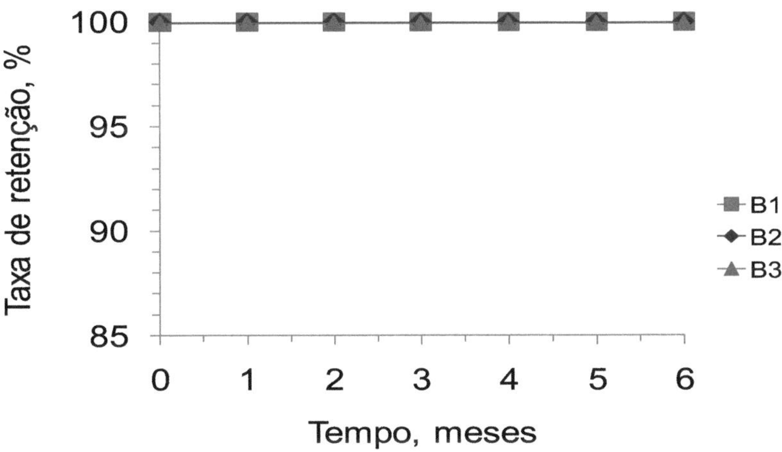

FIGURA 5. Retenção de dispositivos intra-ruminais (B1 mini-bolus, B2 bolus pequeno, B3 bolus padrão) em ovelhas da raça Suffolk aos seis meses de avaliação.

O uso de animais em programas reprodutivos, especialmente em técnicas que envolvam a manipulação do animal, pode representar uma possibilidade real de perda de dispositivos. Por volta do 4º mês após a aplicação, os animais foram submetidos a um protocolo de inseminação artificial por via transcervical, após jejum prévio de 16 horas. Embora houvesse possibilidade de perdas dos bolus por regurgitação associada ao esvaziamento parcial do trato estas não foram registradas.

Aos seis meses de idade nenhuma perda de dispositivo foi registrada. A taxa de retenção não variou em função do tipo de bolus utilizado e sugere que a variabilidade em relação ao peso e volume dos dispositivos foi compensada por uma densidade adequada.

No caso do mini-bolus e do bolus pequeno (B1 e B2) que apresentavam densidades semelhantes (3,01 e 3,02g/cm³, respectivamente) os resultados obtidos são importantes. Isto porque uma vez que haja aumento no volume dos dispositivos este deve ser acompanhado pela elevação do peso para que a retenção seja efetiva (GHIRARDI *et al.*, 2006). Os autores sugeriram que poucos dispositivos de baixo peso (mini-bolus) poderiam atingir retenção superior a 99,5% com densidade inferior a 3. Esta afirmação foi baseada em uma análise de regressão realizada com o objetivo de predizer a taxa de retenção dos dispositivos baseado em suas características físicas.

Ao final de 6 meses de avaliação todos os dispositivos apresentaram 100% de retenção e desta maneira atenderam as exigências do ICAR (≥ 99% de TR aos 6 meses). A capacidade de leitura estimada para os diferentes bolus avaliados foi de 100%. Em razão de não terem sido observadas perdas ou falhas de dispositivos, diferenças estatísticas não puderam ser estabelecidas para as variáveis acima mencionadas. Os resultados obtidos com os bolus utilizados, em seu primeiro trabalho de avaliação os configuram como dispositivos promissores para emprego na identificação de ovinos.

CONCLUSÕES

As características físicas dos dispositivos empregados são adequadas para retenção efetiva nos pré-estomagos dos animais.

O diâmetro dos dispositivos influenciou o tempo de aplicação e é indicador do grau de dificuldade da aplicação.

Práticas pertinentes a um sistema semi-intensivo de manejo não afetaram a retenção dos dispositivos. Ficou evidente que a adequação das características dos dispositivos tem maior impacto sobre sua retenção nos pré-estomagos do que o manejo do animal.

A opção por um dos dispositivos testados neste trabalho deve envolver a avaliação da idade mínima de aplicação, eficiência de leitura dinâmica à campo e o custo unitário dos dispositivos.

Capítulo 4

AVALIAÇÃO DA RETENÇÃO DE BOLUS INTRA-RUMINAIS EM OVELHAS DA RAÇA ILE DE FRANCE SOB MANEJO SEMI-INTENSIVO

RESUMO

Um rebanho de 127 ovelhas da raça Ile de France com idade média de 3 anos e 4 meses foram utilizadas para avaliação da retenção de dispositivos de identificação. Três tipos de bolus intra-ruminais compreendendo: (mini-bolus, B1: 21,65g, n = 43; bolus pequeno, B2: 40,23g, n = 42 e bolus padrão, B3: 74,4, n = 42) foram avaliados durante 6 meses. Os dispositivos foram aplicados com auxilio de aplicador adaptado a cada tamanho de bolus. Foram procedidas leituras de 1 e 7 dias (perdas precoces), e mensais até o sexto mês para determinação capacidade de leitura e taxa de retenção dos dispositivos. A capacidade de leitura (lidos/aptos a leitura x 100) e taxa de retenção (retidos/aplicados x 100) foram estimadas aos seis meses em conformidade com as recomendações do ICAR. Um mini-bolus retido apresentou uma falha eletrônica aos dois meses após aplicação. Ao final de 6 meses a capacidade de leitura do mini-bolus foi de 96,9% enquanto que para o bolus pequeno e padrão esta foi de 100%. A taxa de retenção estimada ao final de seis meses foi de 100% para todos os bolus testados. Em função de não terem sido registradas perdas ou falhas de dispositivos diferenças estatísticas não puderam ser estabelecidas para as variáveis avaliadas. Aos 6 meses todos os dispositivos atenderam as especificações do ICAR

(TR > 99%). Todos os bolus avaliados provaram ser altamente eficientes e podem ser recomendados para a utilização em ovinos adultos.

INTRODUÇÃO

Em anos recentes, especialmente na Europa, diferentes dispositivos *RFID* foram testados com o objetivo de identificar eletronicamente ruminantes domésticos. Estes incluem os transponders injetáveis (LAMBOOIJ *et al.*, 1999), brincos auriculares (CARNÉ *et al.*, 2009), coleiras de perna (CARNÉ *et al.*, 2009b) e bolus intra-ruminais (CAJA *et al.*, 1999; JRC, 2003).

Entre os diversos dispositivos disponíveis para identificação eletrônica de animais, os bolus intra-ruminais são os únicos projetados exclusivamente para ruminantes. Os dispositivos têm mostrado serem altamente eficientes (eficácia >99%), livres de fraudes e de fácil aplicação e recuperação, o que os tornam adequados para a identificação permanente de ruminantes (CAJA *et al.*, 1999; LAMBOOIJ *et al.*, 1999; FALLON, 2001). Outra vantagem adicional está associada a sua inocuidade para a cadeia alimentar, o que é de grande relevância para aplicação em sistemas de rastreabilidade (CARNÉ *et al.*, 2009b).

É necessário ressaltar que a retenção dos dispositivos nos pré-estômagos dos ruminantes varia de acordo com suas características físicas (peso, volume e densidade), espécie e idade dos animais a serem identificados (RIBÓ *et al.*,1994; GHIRARDI *et al.*, 2006, 2007; GARÍN *et al.*, 2005). Características extrínsecas aos dispositivos, tais como, o tipo de manejo à que os animais são submetidos, não foram propriamente avaliados em literatura.

Os dispositivos intra-ruminais produzidos pela indústria nacional, ainda não foram avaliados quanto ao seu desempenho, embora tenham sido homologados pelo ICAR. Objetivou-se com este trabalho avaliar a retenção de três diferentes bolus-intra-ruminais aplicados em ovinos da raça Ile de France manejados em sistema semi-intensivo. Adicionalmente, tem como objetivos validar/elencar a utilização de um dispositivo único para identificação de rebanhos ovinos independente de raça ou aptidão produtiva.

MATERIAL E MÉTODOS

Os procedimentos experimentais foram aprovados pelo Comitê de Ética para uso de animais da Universidade Federal do Paraná (protocolo 032/2010). Foram utilizados 127 ovinos da raça Ile de France pertencentes ao rebanho da Fazenda Tangará localizada no município de Reserva, PR. Os animais que entraram no estudo tinham idade média de 3,43 anos e peso médio de 62,7kg e foram monitorados por seis meses.

Os animais eram criados semi-intensivamente e tinham acesso a pastagens perenes de Aruana e Tifton-85 sobre-semeadas com aveia e azevém no período de inverno. O sistema de utilização das pastagens era o intermitente. Durante a fase final de gestação e lactação os animais eram recolhidos em aprisco suspenso coberto e suplementados com silagem de milho e concentrado de modo a atender suas exigências nutricionais de acordo com as recomendações do NRC (2007).

Por ocasião da aplicação dos dispositivos em início de julho, a maioria dos animais havia parido e estava amamentando. Todos os animais foram submetidos à inseminação artificial transcervical durante o período de avaliação.

Animais com presença de defeitos genéticos, baixo desempenho ou doenças eram descartados sempre que necessário, uma vez que a fazenda mantinha um rigoroso programa de seleção de animais para produção.

Três tipos de bolus cilíndricos totalizando 127 dispositivos confeccionados a partir de alumina (Al_2o_3) e variando em dimensão, peso, diâmetro externo (d.e.) x comprimento (c) e volume foram utilizados (Tabela 7). Os bolus, produzidos pela empresa Saint Gobain (Certag, Vinhedo, Brasil), foram confeccionados em material atóxico, não poroso e de alta densidade. O primeiro dispositivo (B1), um *mini-bolus* foi desenvolvido para a administração precoce (ex. antes do desmame) em cordeiros e para apresentarem retenção efetiva (> 98%) em ovinos adultos de acordo com as recomendações do *International Comitte on Animal Recording* (ICAR, 2007). B2 pode ser classificado como um bolus pequeno, desenhado propriamente pela indústria para ser avaliado com ovinos. O terceiro dispositivo foi um bolus de dimensionamento padrão para a administração em ovinos e caprinos com mais de 3 meses de idade de acordo com CAJA *et al.* (1999).

Cada bolus continha em seu interior um transponder passivo encapsulado em vidro "*Half-Duplex (HDX* – comunicação não simultânea entre transponder e leitor*)* (32 x 3,8 mm; Texas), somente leitura. Os números de série dos *transponders* incluíam o número da empresa fabricante, (Certag, 400) e um número serial de 12 digitos conferido pelo ICAR (ICAR, 2007) de acordo com as normas ISO (International Organization for Standardization) padrão 11784 de identificação eletrônica (ISO, 1996a). Os *transponders* operavam em uma freqüência de 134.2 kHz de acordo com o padrão 11785 da ISO, (ISO, 1996a, b).

TABELA 7. Características dos dispositivos intra-ruminais utilizados na identificação de ovelhas da raça Ile de France.

	Bolus intra-ruminal[1]		
Dimensões	B1	B2	B3
Diâmetro externo, (mm)	11,5 ± 0,07	15,9 ± 0,02	19,3 ± 0,05
Comprimento, (mm)	58,0 ± 0,33	55,3 ± 0,11	69,8 ± 0,30
Peso, (g)	21,65 ± 0,48	40,23 ± 0,12	74,44 ± 078
Volume, (mL)	7	12,5	22
Densidade, (g/cm³)	3,01 ± 0,02	3,02 ± 0,01	3,37 ± 0,08

[1]Bolus cilíndrico confeccionado a partir de Alumina (Al_2O_3), contendo um transponder HDX encapsulado em vidro (Certag,Saint Gobain, Brasil).

Por se tratarem de dispositivos não produzidos comercialmente, uma amostra de 10 bolus de cada tipo foi coletada com o objetivo de determinar suas características sob condições laboratoriais, usando uma balança digital com precisão de 0,2 g e um paquímetro digital da marca Starrett®, 727. A densidade foi determinada no

Laboratório de Física da UFPR, de acordo com o princípio de Archimedes, como indicado por GHIRARDI *et al.* (2006).

Os bolus foram administrados por pessoas previamente treinadas usando aplicadores adaptados a cada tipo de bolus. Para a administração, um assistente conteve cada animal lateralmente para manter a cabeça em posição natural. O aplicador era direcionado frontalmente à base da cavidade oro-faríngeana e então o bolus era liberado com uma leve pressão do aplicador para estimular o reflexo de deglutição como indicado por CAJA *et al.*(1999).

No momento da aplicação dos dispositivos, idade e peso de cada animal foram registrados. Imediatamente após, cada bolus foi lido com o animal imobilizado, utilizando um transceiver (leitor) estático (SG 1.5, Saint Gobain) conectado a uma antena tipo painel (Figura 6). Após a implantação, todos os bolus foram lidos em condições estáticas com 1 dia, 1 semana, 1 mês e posteriormente em leituras a cada 30 dias até o 6º mês para determinar a capacidade de leitura. Ocorrências associadas a aplicação foram registradas.

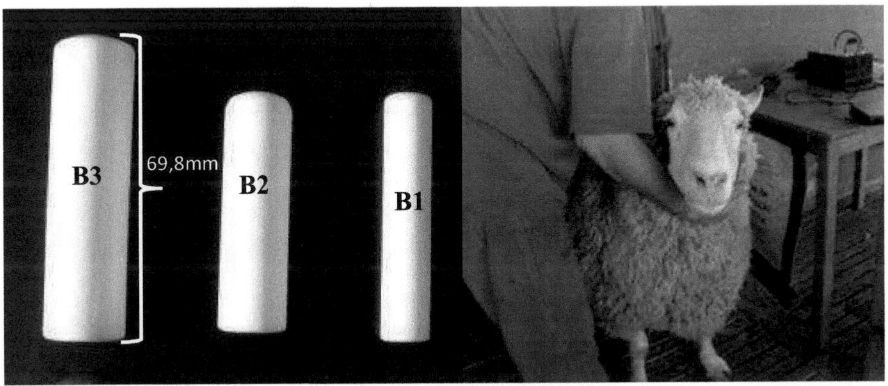

FIGURA 6. Dispositivos intra-ruminais (B1 mini-bolus, B2 bolus pequeno e B3 bolus padrão) e leitura estática em ovelhas da raça Ile de France.

A taxa de retenção dos diferentes dispositivos expressa em valores percentuais foi calculada por meio da divisão do número de dispositivos retidos em relação aos aplicados, multiplicado por 100. A capacidade de leitura do dispositivo foi estimada como sendo a relação entre o número de dispositivos aptos à leitura e o número de dispositivos aplicados (CAJA *et al.*, 1999; CONILL *et al.*, 2000). Todos os animais que morreram ou foram abatidos durante o estudo foram monitorados e tiveram os dispositivos recuperados.

Para a análise estatística, médias dos quadrados mínimos da idade e do PV na administração dos dispositivos foram obtidos com o procedimento GLM do SAS. A retenção dos dispositivos e a capacidade de leitura foram analisadas por meio do procedimento CATMOD do SAS levando em consideração a natureza categórica das variáveis. Uma análise não paramétrica (Kaplan – Meier) e testes de igualdade entre os estratos foram realizadas para os dispositivos de identificação por meio do procedimento LIFETEST do SAS (SAS, 2002). Esta análise permite que a retenção dos dispositivos de identificação seja comparada durante todo o período de estudo sem excluir dados censorados (animais que deixaram o estudo antes de perder um dispositivo).

RESULTADOS E DISCUSSÃO

Os registros associados a aplicação dos dispositivos podem ser observados na Tabela 8. Ao final do estudo, 121 animais (95,2%) permaneciam sendo monitorados. Seis borregas nascidas em 2009 foram descartadas em função do baixo peso apresentado no momento em que os animais foram submetidos ao protocolo de inseminação artificial. Não foram registradas mortes de animais durante o estudo.

O peso e a idade média dos animais no momento da aplicação não variaram (P>0,05) em função do dispositivo aplicado. Os animais apresentavam peso médio de 62,8 kg e 3 anos e 5 meses. Dados de literatura sugeriram a aplicação segura do mini-bolus e bolus padrão com peso superior 12 e 25kg respectivamente (CAJA *et al.*, 1999; GARÍN *et al.* 2003, 2005; GHIRARDI *et al.*, 2007). A recomendação de peso para aplicação do bolus de 40g não foi encontrada na literatura disponível.

TABELA 8. Registros associados à aplicação de bolus intra-ruminais em ovelhas da raça Ile de France.

	Bolus intra-ruminal[1]			Média
Variáveis avaliadas	B1	B2	B3	
Animais identificados	42	42	43	-
Idade na aplicação (anos)	3,09 ± 1,9[a]	3,76 ±1,9[a]	3,45± 1,5[a]	3,43
Peso médio, (kg)	62,4± 17,1[a]	63,3± 5,4[a]	62,6±10,9[a]	62,76
Problemas na aplicação	não houve	não houve	não houve	-

[a,b] Na linha dados com letras diferentes, diferem (P< 0,05).

[1] Abreviações: B1, mini-bolus 21,6g e 57,6 x 11,5mm; B2, bolus pequeno, 40,2g e 55,3 x 15,9mm; B3, bolus padrão 74,4g e 69,8 x 19,3mm.

Uma ovelha de 3 anos de idade e pesando 85kg apresentou problemas no momento da aplicação. Imediatamente após a aplicação de um bolus de 40g (B2) o animal apresentou sinais de ataxia e houve necessidade de auxilio para expulsão do bolus. O animal permaneceu em observação por alguns minutos e constatada a sua recuperação o dispositivo foi reaplicado sem problemas. Na literatura, casos de bloqueio de dispositivos no esôfago em que houve necessidade de massagem para expulsão do bolus foram reportados especialmente em estudos para a determinação da idade mínima de aplicação (GHIRARDI *et al.*, 2007; CARNÉ *et al.*, 2009).

Em razão do elevado peso dos animais no momento da aplicação (aproximadamente 60kg) não foram observados problemas maiores na aplicação. Ausência de problemas na aplicação dos dispositivos foram relatados por CAJA *et al.* (1999) STANFORD *et al.* (2001) em animais adultos e por GARÍN *et al.*(2003, 2005) e GHIRARDI *et al.* (2007) trabalhando com cordeiros quando a dimensão do bolus foi adaptada ao tamanho dos animais. Usando um bolus padrão de 65g (66mm d.e. x 20mm c), CAJA *et al.* (1999) recomendou que o peso deveria ser superior a 25kg para aplicação segura em cordeiros.

Aproximadamente 3,5% dos dados digitados na planilha no momento da aplicação não eram condizentes com os da leitura de 1 dia. Estes valores são superiores aos reportados por GHIRARDI *et al.* (2006) (1,6%). Isto se deveu na maioria dos casos em razão de erros de interpretação do número do brinco utilizado para controle do rebanho.

Não foram observadas perdas precoces (1dia a 1 semana) para nenhum dos dispositivos utilizados (Tabela 9). Isto reforça a idéia de que as características dos mesmos eram adequadas e que as suas taxas de retenção poderiam ser mantidas ao longo do tempo. Em função do tamanho dos dispositivos avaliados, a inadequação de suas características poderia levar a perdas particularmente por regurgitação (CAJA *et al.*, 1999; GARÍN *et al.*, 2005).

TABELA 9. Capacidade de leitura estimada e monitoramento dos dispositivos aplicados em ovelhas da raça Ile de France ao final de seis meses.

	Bolus intra-ruminal[1]			
Variáveis avaliadas	B1	B2	B3	Total
Dispositivos aplicados	42	43	42	127
Dados censorados, n[2]	39	41	42	122
Número de perdas	0	0	0	0
Falhas, n[3]	1	0	0	1
Capac. de leitura estimada, %	97,4	100	100	99,1

[1]Abreviações: B1, mini-bolus 21,6g e 57,6 x 11,5mm; B2, bolus pequeno, 40,2g e 55,3 x 15,9mm; B3, bolus padrão 74,4g e 69,6 x 19,35mm.

[2]Dispositivos em que falhas não foram observados durante o estudo, ou que deixaram o estudo antes dos 6 meses. [3] Dispositivos não lidos

Na leitura de 2 meses após a aplicação não foi possível a leitura eletrônica de uma ovelha identificada com um mini-bolus. A identificação do tipo de bolus com que o animal havia sido identificado foi possível uma vez que os animais possuíam brincos. Após ser submetida a um exame radiográfico (Raios-X) realizado no

Laboratório de Radiologia da UFPR, foi constatada a presença do dispositivo no retículo do animal. Neste caso, pode ser considerado que houve falha eletrônica do dispositivo. O percentual de falhas eletrônicas observadas neste estudo (0,78%) foi superior aos valores de 0.004 a 0,28% observados para ovinos no projeto IDEA (RIBÓ *et al.*, 2002).

Como conseqüência, a taxa de retenção do dispositivo não foi alterada. Esta particularidade inerente à pesquisa e que permitiu este tipo de avaliação é importante uma vez que, se desconsiderada, poderia comprometer os resultados. Assim, deve se afirmar que as características dos dispositivos avaliadas (peso, volume e conformação) não afetaram a sua retenção nos pré-estômagos dos animais.

A elevada perda de dispositivos visuais empregados afetava o manejo da fazenda na qual foi realizado o ensaio. No momento da aplicação 15 animais (11,8%) estavam sem brinco. Durante o período de avaliação aproximadamente 13 animais (10,23%) perderam os brincos. A maioria dos animais que perderam os brincos eram animais acima de 2 anos, sugerindo que os dispositivos visuais não possibilitam a identificação do animal durante toda sua vida.

Dentre os efeitos não associados aos dispositivos e que podem afetar a sua retenção nos pré-estomagos está a dieta dos animais. Perdas de dispositivos em bovinos e ovinos estiveram associadas a mudanças bruscas na alimentação (AMLC, 1995; GARÍN *et al.*, 2005). Apesar da variação na dieta dos animais e da inclusão de concentrado não foi observado efeito desta sobre a retenção dos dispositivos.

Outro fator extrínseco que pode afetar a retenção dos dispositivos é a manipulação não convencional dos animais a exemplo dos protocolos reprodutivos. Durante o período de avaliação os animais da propriedade fizeram parte de um protocolo reprodutivo e foram inseminados por via transcervical. Na leitura mensal posterior à realização da prática não foi constatada a perda de dispositivos. A constatação é importante uma vez que este tipo de técnica vem sendo empregada com maior freqüência nos rebanhos ovinos.

Aos seis meses de idade os dispositivos testados apresentaram 100% de taxa de retenção (Figura 7). Esta observação indica que a variabilidade em relação ao peso e volume dos dispositivos foi compensada pela densidade adequada (igual a 3,37g/cm³). Diferenças estatísticas não puderam ser estabelecidas em função de não terem sido registradas perdas.

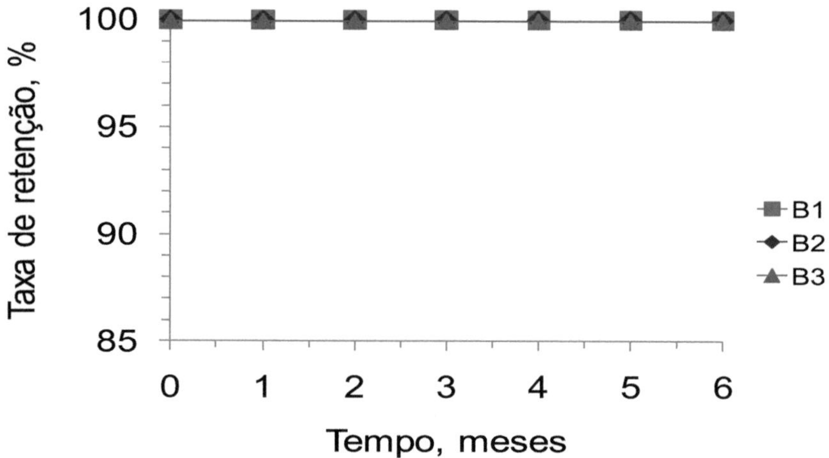

FIGURA 7. Taxa de retenção de dispositivos intra-ruminais (B1 mini-bolus, B2 bolus pequeno, B3 bolus padrão) em ovelhas da raça Ile de France aos seis meses de avaliação.

Os resultados obtidos para o mini-bolus e o bolus padrão estão de acordo com os reportados com ovinos adultos (GHIRARDI *et al.*, 2006). Em relação ao bolus pequeno (B2) não foram encontrados na literatura trabalhos avaliando dispositivo semelhante em ovinos. Os resultados obtidos com este bolus o configuram como dispositivo promissor para emprego na identificação de ovinos.

Em razão da não identificação do código do transponder que apresentou uma falha eletrônica (B1), a capacidade de leitura estimada ao final de seis meses (97,9%) e para os demais dispositivos não foi alterada (100%). A intensidade com que as falhas eletrônicas com cada tipo de dispositivo ocorrem não tem sido relatada na literatura, mas a nosso ver merece constatação, pois pode estar associada ao tipo de material utilizado para o encapsulamento. Semelhante à taxa de retenção, a pequena variabilidade observada para esta variável não permitiu que diferenças estatísticas fossem estabelecidas.

CONCLUSÕES

As características físicas dos dispositivos empregados são adequadas para retenção efetiva nos pré-estômagos dos ovinos.

A taxa de retenção é um indicador de adequação destas características; no entanto, em condições práticas, pode se concluir que para o produtor de ovinos a capacidade de leitura é o critério de avaliação mais importante

Práticas pertinentes a um sistema semi-intensivo de manejo não afetaram a retenção dos dispositivos. Como conseqüência fica evidente que a adequação das características dos dispositivos tem maior impacto sobre sua retenção nos pré-estômagos.

A opção por um dos dispositivos testados neste trabalho deve envolver uma análise mais criteriosa, a exemplo de uma avaliação da idade mínima de aplicação, eficiência de leitura dinâmica a campo e o custo unitário dos dispositivos.

Capítulo 5

AVALIAÇÃO DE DUPLO SISTEMA DE IDENTIFICAÇÃO EM CORDEIRAS DA RAÇA ILE DE FRANCE DESTINADOS À REPOSIÇÃO

RESUMO

Este trabalho teve como objetivo avaliar em experimento dois dispositivos eletrônicos intra-reticulares e um brinco auricular em cordeiras da raça Ile de France destinadas a reposição. Um mini-bolus (21,65g, n = 23), um bolus pequeno, (29,52g, n = 19) e um brinco auricular, (5,2g, n = 42) foram avaliados durante 06 meses. O brinco foi aplicado quando os animais tinham um dia de vida e os dispositivos eletrônicos quando os animais tinham em média 24,2 kg e 86 dias de idade. O tempo necessário para aplicação dos dispositivos foi determinado. Para todos os dispositivos foram procedidas leituras de 1 e 7 dias (perdas precoces), e mensais para determinação da retenção dos dispositivos e capacidade de leitura. A capacidade de leitura (lidos/aptos a leitura x 100) e taxa de retenção (retidos/aplicados x 100) foram estimadas aos seis meses em conformidade com as recomendações do ICAR. O tempo de aplicação dos bolus variou em função do dispositivo utilizado. O tempo necessário para aplicação do mini-bolus (6,34 ± 2,36s) foi superior ($P<0,05$) ao tempo de aplicação do bolus pequeno (4,57 ± 1,83), sugerindo que o comprimento foi determinante. Ao final de 06 meses a taxa de retenção (TR) do brinco auricular foi de 94,5% sendo que os bolus apresentaram 100%. A capacidade de leitura estimada aos seis meses para todos os dispositivos avaliados foi de 100%. Em razão do baixo número de perdas e/ou falhas dos dispositivos, diferenças estatísticas não puderam ser estabelecidas. Aos 6 meses somente os bolus atenderam as especificações do ICAR. Em conclusão, tanto o mini-bolus quanto o bolus pequeno provaram ser altamente eficientes e podem ser recomendados para a utilização em ovinos destinados à reposição. A confirmação destes resultados com 1 ano de avaliação é importante. Mais pesquisas com dispositivos visuais deverão ser realizadas em maior número de animais para a confirmação dos resultados do presente estudo.

INTRODUÇÃO

A identificação precoce dos animais deve ser vista como importante ferramenta de controle do rebanho bem como de operacionalização do manejo animal. Além disto, espera-se que os dispositivos empregados apresentem elevada taxa de retenção ao longo da vida do animal, dispensando eventuais reidentificações.

Os bolus eletrônicos foram confeccionados para serem retidos nos pré-estômagos dos ruminantes. Um dos principais objetivos do design dos dispositivos é o de elevar a sua taxa de retenção (HASKER & BASSINGTHWAIGHTE, 1996) e reduzir o seu tamanho para possibilitar aplicações em idades precoces (GARÍN *et al.*, 2005).

Nos primeiros trabalhos com ovinos foram reportadas taxas de retenção de 100% com a utilização de bolus cerâmicos de 65g (CAJA *et al.*,1999). No entanto em função das dimensões do dispositivo, a aplicação somente era possível para cordeiros com PV superior a 25 kg. Esta constatação levou ao desenvolvimento e teste de dispositivos de menor peso 20g para possibilitar a aplicação em animais de peso inferior (GARÍN, 2002 e GARÍN *et al.*, 2005). GHIRARDI *et al.* (2007) trabalhando com cordeiros obtiveram 100% de retenção com dispositivos de 20,1g e recomendaram a aplicação segura dos mesmos em animais com peso superior a 10kg.

Na literatura, dispositivos com peso aproximado de 30g (20 mL volume) trouxeram taxas de retenção variando de 50 a 59% (RIBÓ *et al.*, 1994; GHIRARDI *et al.*, 2007). Para dispositivos visuais, o período de avaliação considerado é baixo e os valores de retenção variam de 88 a 96% (CONILL *et al.*, 2002; CAJA *et al.*, 2004). Para as condições nacionais não foram reportados trabalhos para avaliação de sistemas de identificação em ovinos.

Assim, o objetivo deste trabalho foi o de avaliar o desempenho em médio prazo de um dispositivo visual e dois dispositivos intra-reticulares em cordeiras da raça Ile de France destinados a compor um duplo sistema de identificação segundo as recomendações do ICAR.

MATERIAL E MÉTODOS

Os procedimentos experimentais foram aprovados pelo Comitê de Ética para uso de animais da Universidade Federal do Paraná (protocolo 032/2010). Foram usadas 42 cordeiras da raça Ile de France pertencentes ao rebanho da Fazenda Tangará, localizada no município de Reserva, Paraná.

Por ocasião do nascimento, as cordeiras foram pesadas, tiveram seu umbigo desinfetado (solução de Iodo a 10%), e foram identificadas na orelha esquerda com o brinco plástico (V1) normalmente utilizada para a identificação do rebanho. Nas primeiras semanas de vida as cordeiras permaneciam com suas mães em aprisco suspenso e tinham acesso a suplemento concentrado fornecido *ad libitum* em *creep feeding* (18% PB e 72% de NDT). Posteriormente, estas foram conduzidas juntamente com suas mães à pastagem de Azevém durante o dia e recolhidas à noite onde eram suplementadas com silagem e ração até o momento do desmame.

Na Fazenda Tangará o desmame dos animais era realizado quando estes tinham aproximadamente 20 kg. No momento da aplicação dos bolus parte dos animais havia sido desmamada. Quando os animais tinham 30 dias de vida foram vacinados contra clostridioses sendo que este procedimento se repetiu 30 dias após. Após a identificação com bolus, as cordeiras permaneceram em confinamento por aproximadamente 3 semanas, ocasião em que foram desverminadas. Neste período, os animais receberam concentrado (2% do PV) e silagem de milho à vontade. A dieta foi ajustada para permitir máximo desempenho, conforme recomendações do NRC (2007) para cordeiros nessa fase.

Posteriormente os animais foram conduzidos à pastagem de Aruana onde recebiam suplementação concentrada (400g/dia) na pastagem. Água e sal mineral estavam a disposição dos animais em período integral.

Dois bolus cilíndricos e um brinco auricular foram avaliados (Figura 8). Os dispositivos eletrônicos foram produzidos pela empresa Saint Gobain (Certag, Brasil) e o brinco de fabricação nacional comumente utilizado em rebanhos comerciais. Os mini-bolus *(B1)* foram desenvolvidos para a administração precoce (ex. antes do desmame) em cordeiros e para apresentarem retenção efetiva (> 98%) em ovinos adultos de acordo com as recomendações do *International Comitte on Animal Recording* (ICAR, 2007). B2 é um considerado um bolus pequeno, que, no entanto não apresenta referência de idade para aplicação.

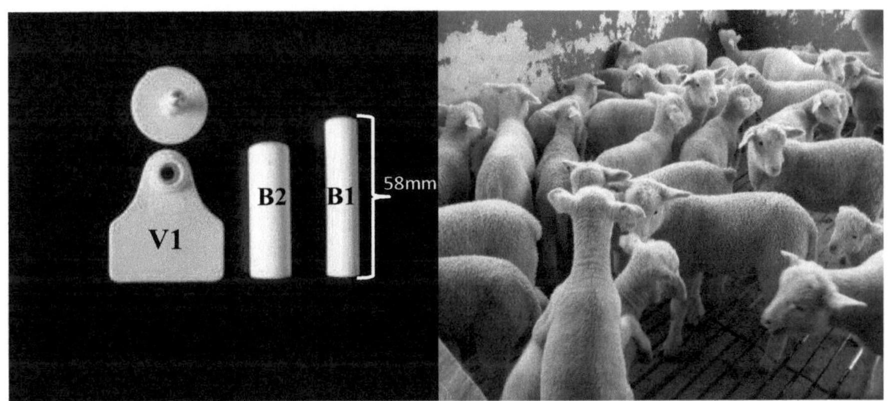

FIGURA 8. Cordeiras Ile de France no momento da aplicação e dispositivos avaliados.

Os bolus foram confeccionados em material atóxico, não poroso, de alta densidade. O brinco foi confeccionado em poliuretano. As características dos dispositivos podem ser observadas na Tabela 10. Cada bolus continha em seu interior um transponder passivo encapsulado em vidro "*Half-Duplex (HDX* – comunicação não simultânea entre transponder e leitor*)* (32 x 3,8 mm; Texas), somente leitura. O *transponder* operava em uma freqüência de 134.2 kHz de acordo com os padrões 11784 e 11785 da *International Organization for Standardization* (ISO) (ISO, 1996a, b). O código do *transponder* incluía o número da empresa, 400 (Certag) conferido pelo ICAR, e um número serial de 12 dígitos.

TABELA 10. Características dos dispositivos utilizados na identificação de cordeiras da raça Ile de france.

	Dispositivos avaliados		
Dimensões	B1[1]	B2[1]	V1[2]
Diâmetro externo, mm	11,5 ± 0,07	14,76 ± 0,06	-
Comprimento, mm	58,0 ± 0,33	48,5 ± 0,09	35,30 ± 0,2
Peso, g	21,65 ± 0,48	29,52 ± 0,08	5,25 ± 0,01
Volume, mL	7	9	-
Densidade, g/cm³	3,01 ± 0,02	3,02 ± 0,01	-

[1]Bolus cilíndrico confeccionado a partir de Alumina (Al_2O_3), contendo um transponder HDX encapsulado em vidro (Certag,Saint Gobain, Brasil).

[2]Brinco comercial, formato losango, confeccionado em poliuretano.

Uma amostra de 10 dispositivos foi coletada com o objetivo de determinar suas características sob condições laboratoriais, usando uma balança digital, com precisão de 0,2 g e um paquímetro digital (Starrett®, 727). A densidade foi determinada no Laboratório de Física da UFPR, de acordo com o princípio de Archimedes, como indicado por GHIRARDI *et al.* (2006).

Na aplicação os animais foram agrupados em uma baia para facilitar a contenção dos mesmos e a idade e peso foram registrados. Para a administração o cordeiro foi contido entre as pernas de um assistente na altura da paleta, a cabeça do animal foi retida com uma das mãos do operador para assegurar a continuidade entre a cavidade oral e o esôfago e com a outra mão o bolus foi administrado. Uma pistola apropriada foi utilizada para realizar a aplicação, sendo que o *bolus* foi depositado na região posterior da cavidade oral e em seguida a boca dos animais era fechada para induzir o reflexo de deglutição como indicado por CAJA *et al.*, (1999).

Todos os dispositivos foram lidos antes a após a aplicação para checar possíveis quebras ou problemas eletrônicos, e após 24 horas e uma semana para determinar perdas precoces, como indicado por GHIRARDI *et al.* (2006). O tempo de administração dos dispositivos foi recordado como sendo o tempo necessário para a deglutição do dispositivo pelo animal após contido. Leituras de 1 dia, 1 semana (perdas precoces) 1 mês e mensalmente foram procedidas para determinação da capacidade de leitura (C. Lt.) e taxa de retenção (TR) dos dispositivos.

A taxa de retenção dos diferentes dispositivos expressa em valores percentuais foi calculada por meio da divisão do número de dispositivos retidos em relação aos aplicados, multiplicado por 100. A capacidade de leitura do dispositivo foi estimada como sendo a relação entre o número de dispositivos aptos a leitura e o número de dispositivos aplicados (CAJA *et al.*, 1999; CONILL *et al.*, 2000). Animais que morreram durante o estudo tiveram os dispositivos recuperados.

Leituras foram realizadas com um leitor estático modelo SG 1.5 (Saint Gobain) conectado a uma antena do tipo painel, com distância de leitura acima de 65cm de acordo com a norma 11785, (ISO, 1996b). O acompanhamento da taxa de retenção do brinco era realizado no momento em que a leitura dos dispositivos eletrônicos foi procedida. Além da retenção dos dispositivos, a sua integridade também era avaliada.

No quinto mês após aplicação, quando tinham aproximadamente 9 meses de idade as borregas foram submetidas a monta natural noturna em aprisco.

A retenção dos dispositivos de identificação foi analisada por meio do procedimento CATMOD do SAS levando em consideração a natureza categórica das variáveis. Uma análise não paramétrica (Kaplan – Meier) e testes de igualdade entre os estratos foram realizadas para os dispositivos de identificação por meio do procedimento LIFETEST do SAS (SAS, 2002). Esta análise permite que a retenção dos dispositivos de identificação seja comparada durante todo o período de estudo sem excluir dados censorados (animais que deixaram o estudo antes de perder um dispositivo). O tempo médio para aplicação dos dispositivos bem como a idade e peso vivo na administração foram analisados por meio do procedimento GLM do SAS.

RESULTADOS E DISCUSSÃO

Aos seis meses, 36 borregas (94,2%) dos animais inicialmente identificados permaneciam monitoradas. Foram registradas seis mortes ao longo do experimento, quatro delas associadas a um ataque de cães. Nenhuma das mortes esteve associada a administração dos dispositivos e a taxa de mortalidade média calculada foi de aproximadamente 14,28%. Estes valores estão acima dos valores reportados pela fazenda (7 a 9%) e deveram-se basicamente ao incidente ocorrido.

Os dados associados ao momento da aplicação podem ser observados na Tabela 11.

TABELA 11. Dados registrados no momento da identificação de cordeiras Ile de France na Fazenda Tangará.

	Tipo de dispositivo[1]		
Variáveis avaliadas	B1	B2	V1
Animais identificados	23	19	42
Idade a aplicação (dias)	82,6 ± 9,8^{a}	82,6 ± 6,9^{a}	1
Peso, (kg)	23,7± 5,0^{a}	24,8 ± 4,0^{a}	4,0 ± 0,6
Tempo de aplicação, (segundos)	6,34 ± 2,3^{a}	4,45 ± 1,8^{b}	-
Problemas na aplicação	não houve	não houve	não houve

^{a,b} Na linha dados com letras diferentes, diferem (P< 0,05).

[1]Abreviações: B1, mini-bolus 21,6g e 57,6 x 11,5mm; B2, bolus 29,5 e 55,2 x 16,3mm; V1, brinco auricular feito em poliuretano 5,21g.

Nenhum cordeiro apresentou dificuldades para a deglutição do bolus, o que provavelmente esteve associado ao elevado peso dos animais no momento da aplicação. O mini-bolus (B1) foi administrado às cordeiras quando estas apresentavam um peso médio de 23,7 ± 5,06 kg e idade média de 82,65 ± 9,81dias.

GARÍN *et al.* (2003, 2005) trabalhando com dispositivos 20g reportaram aplicação segura dos dispositivos em cordeiros com idade superior 46 dias (>12,0kg). O bolus pequeno B2 foi administrado às cordeiras quando estas apresentavam um peso médio de 24,8 ± 4,08 kg e idade média de 82,68 ± 6,93 dias. Não foi observada diferença estatística (P>0,05) para idade e peso a aplicação de ambos os tipos de bolus. Na literatura, a recomendação de idade a aplicação dos bolus de 30g não tem sido encontrada. Pôde se constatar, no entanto, que a idade crítica para aplicação de mini-bolus em cordeiros é de aproximadamente 30 dias (GARÍN, 2002: GARÍN *et al.*, 2003; GHIRARDI *et al.*, 2007).

Os brincos auriculares foram administrados no primeiro dia de vida quando os animais apresentavam peso médio de 4,69 ± 0,9 kg. Para permitir a comparação dos dispositivos em tempo real, o estado de conservação dos brincos e também a sua retenção foi avaliado no momento da aplicação dos bolus.

Não foram observadas alterações de comportamento nos animais após a aplicação dos bolus. Esta constatação está de acordo com os estudos realizados até o presente (RIBÓ *et al.*, 1994; CAJA *et al.*, 1999; GARÍN *et al.*, 2003, 2005; GHIRARDI *et al.*, 2007).

O tempo necessário para aplicação dos dispositivos variou em função da dimensão do bolus empregado e incluiu o tempo necessário para introdução do aplicador, aplicação e deglutição pelo animal. Para o mini-bolus o tempo médio de aplicação foi 6,34 ± 2,36s e foi superior (P<0,05) ao tempo necessário para a aplicação do bolus pequeno (4,57 ± 1,83s). Pode se concluir que neste caso, o diâmetro dos dispositivos não afetou a sua deglutição. Por outro lado o comprimento dos bolus pode ter sido determinante no tempo de aplicação para animais nesta idade, uma vez que os maiores tempos de aplicação estiveram associados ao mini-bolus (58mm c.) que era na média 1cm maior que o bolus pequeno (48,6mm c.). Embora não confirmado, é possível que bolus de maior comprimento resultem em maior tempo para a deglutição antes de atingir o canal do esôfago.

GHIRARDI *et al.* (2007) sugeriram que a dimensão do bolus usado, em especial o seu diâmetro, são determinantes para a deglutição deste pelo animal determinando o momento de sua aplicação. Isto porque de acordo com CAJA *et al.* (1999) e GARÍN *et al.* (2005) a aplicação segura de bolus em idades precoces está intimamente associada ao desenvolvimento anatômico da faringe e do esôfago, órgãos pelos quais o dispositivo deverá passar até atingir o rúmen e retículo.

O tempo total de aplicação foi de aproximadamente 70 minutos incluindo o tempo necessário para captura, contenção, digitação dos dados, confirmação da presença do bolus e pesagem dos animais. Assim, o tempo médio para a identificação de cada animal foi de aproximadamente 1min e 40s. Estes valores são inferiores aos reportados para aplicação de bolus em borregas (> 2min) no projeto IDEA (RIBÓ et al., 2003).

Não foram observadas dificuldades no momento da aplicação e alteração de comportamento quando os animais já estavam identificados. Na determinação de idade mínima para a aplicação dos dispositivos, MACRAE *et al.* (2003) reportou lesão de faringe em 32% dos animais, sendo que em 21% dos casos o bolus esteve localizado na região retrofaringeana e necessitaram de cirurgia. Também GHIRARDI *et al.* (2007) e GARÍN *et al.* (2003, 2005) utilizando bolus de 20g reportaram 3,5% e 16,7% de dificuldades com aplicação em animais antes de 1 mês de idade, respectivamente.

Não foram observadas falhas eletrônicas nos bolus utilizados na aplicação e durante o período de estudo. Também não foram observados ranhuras, quebras ou dificuldade de leitura do número marcado nos brincos.

Os dados de acompanhamento dos dispositivos podem ser visto na Tabela 12. Na leitura de 1 dia aproximadamente 4,76% dos dados digitados na planilha no momento da aplicação não eram condizentes com os transcritos no momento da aplicação. Estes valores são superiores aos reportados por GHIRARDI *et al.* (2006). Isto se deveu na maioria dos casos aos de erros de interpretação do número do brinco utilizado para controle do rebanho. Nas leituras de 1 dia e 7 dias não foram observadas perdas de dispositivos. Perdas de dispositivos logo após sua aplicação foram observadas para o caso de dispositivos com características inadequadas. A principal causa de perda foi a regurgitação, embora a passagem pelo orifício retículo-omasal não tenha sido descartada (GARÍN *et al.*, 2003; GHIRARDI *et al.*, 2007).

TABELA 12. Capacidade de leitura estimada e monitoramento dos dispositivos aplicados em cordeiras da raça Ile de France ao final de 6 meses.

	Bolus intra-ruminal		Brinco Auricular
Variáveis avaliadas	B1	B2	V1
Dispositivos aplicados	23	19	42
Dados censorados, n[2]	21	16	37
Número de perdas	0	0	2
Falhas, n[3]	0	0	0
Capac. de leitura estimada, %	100	100	100

[1]Abreviações: B1, mini-bolus 21,6g e 57,6 x 11,5mm; B2, bolus 29,5 e 55,2 x 16,3mm; V1, brinco auricular feito em poliuretano 5,21g.

[2]Dispositivos em que falhas não foram observados durante o estudo, ou que deixaram o estudo antes dos 6 meses. [3] Dispositivos não lidos

Cinco animais (13,5%) apresentaram sinais de infecção ao redor do orifício de aplicação dos brincos que, no entanto, não comprometeram a taxa de retenção dos mesmos. As infecções que estavam associadas à lesão no momento da aplicação podem resultar em alargamento do orifício de aplicação do dispositivo e sua conseqüente perda. Também podem resultar em deformação da orelha do animal quando não tratados adequadamente (EDWARDS *et al.*, 2001). De acordo com os autores, as lesões produzidas estiveram associadas ao tipo de brinco utilizado. No caso dos brincos plásticos, a aplicação mais próxima do pavilhão auricular resultou em maiores infecções. GHIRARDI *et al.* (2007) reportaram sinais marcantes de infecção ao redor do orifício de aplicação e edemas associados a essa prática. Este diagnóstico permanece sendo um fator indesejável associado a utilização de brincos.

No segundo mês após a aplicação, duas cordeiras perderam o brinco. Nos dois casos a orelha do animal rasgou do orifício de aplicação até a extremidade distal da orelha causando a perda do brinco. Este tipo de situação tem sido comumente observada em animais jovens e pode estar associado à fragilidade do tecido auricular destes.

CARNÉ *et al.* (2009) também sugeriram que a conformação da orelha poderia ser o principal fator a afetar a taxa de retenção dos dispositivos visuais; contudo, o tipo de manejo e instalação também poderiam contribuir para este fato.

A causa real de ambas as perdas não foi constatada uma vez que os brincos não foram encontrados. No momento da perda os animais encontravam-se na pastagem. As áreas de pastagem da propriedade em sua grande maioria são delimitadas por cercas de tela o que pode ter contribuído para a perda dos brincos. No rebanho adulto foi constatada elevada perda de brincos em um experimento conduzido paralelamente a este.

A perda de brincos associada ao desprendimento das peças macho e fêmea foi apontada por CARNÉ *et al.* (2009) que observam diferenças no diâmetro de acoplamento entre as peças dos dispositivos. CAJA *et al.* (2009) concluíram que a posição do brinco na orelha foi determinante para sua quebra e esta por sua vez apresentou comportamento quadrático. Como resultado, maior força para quebra dos dispositivos foi necessária quando estes foram aplicados na região central em comparação com a porção proximal ou distal da orelha.

Não foram observadas perdas de bolus durante o estudo, demonstrando que as características dos dispositivos avaliados permitem que sejam retidos nos pré-estômagos de maneira eficiente (100% TR). Na literatura, mini-bolus com peso entre 20 e 20,1g e densidade variando de 3,08 a 3,91 foram efetivos para identificação de animais da amamentação ao abate (GARÍN *et al.*, 2003, 2005; GHIRARDI *et al.*, 2007) e em animais destinados a reposição, GHIRARDI *et al.* (2006). Dispositivos de peso inferior (16,25g) apresentaram taxas de retenção variadas (97,3 a 99%) (CAJA *et al.*,2003; GHIRARDI *et al.*, 2006) e não foram recomendados para identificação permanente de ovinos.

Em relação ao bolus pequeno (29,52g) poucos são os dados disponíveis na literatura. Dois dispositivos de peso semelhante testados não foram produzidos com material de alta densidade próprio para retenção nos pré-estômagos de ruminantes. Em ambos os casos, os bolus foram confeccionados a partir de polietileno e apresentavam baixa densidade (1,38) e grande volume (± 20mL). Como resultado, 50% e 19% de retenção foram obtidos respectivamente para o dispositivo de 32g e 27,4g (RIBÓ *et al.*, 1994; GHIRARDI *et al.*, 2006).

Aos seis meses de idade, ambos os bolus apresentaram 100% de taxa de retenção e, portanto atenderam às exigências do ICAR (≥ 99% de TR aos 6 meses). Por outro lado a taxa de retenção calculada para o brinco foi de 94,5%, estando abaixo dos valores mínimos sugeridos pelo comitê (Figura 9).

Perda de dispositivos visuais observadas em nosso estudo (5,5%) foi semelhante aos valores médios (3,3 a 11,4%) reportados na literatura (CONILL *et al.*, 2002; CAJA *et al.*, 2004; GHIRARDI *et al.*,2006). Estudos para avaliação de dispositivos visuais para ovinos destinados à reposição não foram encontrados na literatura nacional.

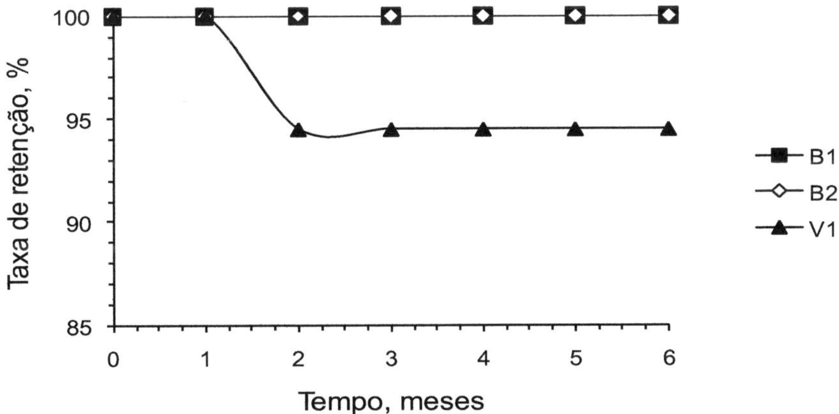

FIGURA 9. Retenção de dispositivos intra-ruminais (B1 mini-bolus, B2 bolus pequeno) e visuais (V1 brinco auricular) em cordeiras da raça Ile de France aos seis meses de avaliação.

A capacidade de leitura estimada ao final do estudo não foi alterada (100%) em função do tipo de dispositivo avaliado. No caso de dispositivos eletrônicos, a capacidade de leitura é afetada especialmente pela falha eletrônica do transponder. Já para o caso dos brincos, a capacidade de leitura é alterada quando há incapacidade de identificação (leitura) visual do código presente em razão de danos do dispositivo, perda e/ou alteração da identificação. Embora não tenha alterado a capacidade de leitura dos brincos, freqüentemente a presença de sujeira dificultou a leitura.

CONCLUSÕES

Apenas os bolus eletrônicos atenderam as especificações do ICAR e podem ser recomendados para identificação de ovinos destinados à reposição. A opção entre o mini-bolus (21,6g) e o bolus pequeno (29,5g) deve levar em consideração outros aspectos tais como eficiência de leitura dinâmica e custo unitário.

Taxas de retenção efetivas até os 6 meses são indicadores positivos para predizer sua retenção em ovinos adultos. Estes resultados devem ser confirmados com um ano de avaliação.

No caso dos brincos, o ambiente de produção, a configuração e a qualidade do material de fabricação parecem ser fatores determinantes para elevar seu desempenho.

Capítulo 6

CONSIDERAÇÕES SOBRE A TECNOLOGIA

O trabalho desenvolvido faz parte de um projeto inédito no Brasil, e resulta de uma parceria entre a UFPR e a empresa Saint Gobain/Coorstek que tem como objetivos avaliar em experimentos o desempenho de dispositivos eletrônicos intra-reticulares em ovinos e caprinos no intuito de eleger um dispositivo apto a identificar permanentemente as espécies acima mencionadas. Adicionalmente, a avaliação de dispositivos visuais destina-se a elencar um identificador efetivo para compor um duplo sistema de identificação para ovinos.

A substituição do termo dispositivo ou bolus intra-ruminal por bolus intra-reticular é sugerida. Justifica-se pelo fato de que na literatura, o local de recuperação dos dispositivos é na grande maioria no retículo (aprox. 85%). Isto também ficou evidenciado em trabalho recente conduzido no LAPOC onde machos foram abatidos ao final da fase de confinamento (aprox. 40 kg) e 85% dos dispositivos foram recuperados no retículo.

Os tempos de aplicação observados nos experimentos realizados são semelhantes aos reportados nos estudos europeus sugerindo uma capacidade diária de identificação de 300 animais nos procedimentos onde 4 pessoas estiveram envolvidas nas atividades de captura, contenção, administração, leitura e organização dos dados.

Nas avaliações pôde-se constatar que não existe dificuldade associada à aplicação dos dispositivos. Contudo, cabe reforçar a importância da correta contenção dos animais, uso de aplicadores apropriados e a necessidade de respeitar o mecanismo de deglutição voluntária do bolus pelo animal. A aplicação dos dispositivos foi realizada por pessoas previamente treinadas. A realização desta prática por funcionários de fazendas deve ser realizada após treinamento prévio. Um operador inexperiente, bem como erros no posicionamento da cabeça do animal no momento da aplicação podem ser determinantes para o insucesso da aplicação.

A determinação da idade mínima de aplicação para diferentes raças e condições de manejo se justifica para que sejam estabelecidas referências para esta prática. Por outro lado, esta pode ser realizada no momento do desmame dos animais quando estes apresentarem peso superior. Isto porque, normalmente, a partir do desmame os primeiros registros de desempenho são tomados.

A avaliação de animais de diferentes idades e sob determinada condição de manejo se justifica para atestar a eficiência dos dispositivos em uso. É válido ressaltar que o manejo nutricional dos animais adotado em ambas as fazendas é característico de um sistema semi-intensivo, com cultivo de pastagens melhoradas e suplementação em determinadas épocas. Durante o período de avaliação os animais foram mantidos em pastagens com diferentes forrageiras (Aveia, Azevém, Tifton, Aruana e Hermatria). Durante a fase final de gestação, inicio de lactação além de parte da fase de recria das cordeiras estas permaneceram confinadas em aprisco suspenso onde receberam silagem de milho e concentrado. Apesar da variabilidade de forragens utilizadas pelos animais e da suplementação concentrada não foram registradas perdas de dispositivos associados ao manejo alimentar. Isto é importante uma vez que na sua grande maioria os ovinos são criados em sistemas extensivos e semi-intensivos, que pode ser um fator de maior relevância para a retenção dos dispositivos.

Outra constatação importante diz respeito a ausência de perdas de dispositivos em animais após terem sido submetidos a inseminação artificial por via transcervical e laparoscopia. Neste caso, a inversão dos animais sobre a maca e o jejum normalmente realizado poderia representar uma possibilidade real de perda de dispositivos especialmente por regurgitação. Esta informação é de grande relevância uma vez que estas técnicas vêm sendo utilizadas com maior freqüência em sistemas mais tecnificados.

O desenvolvimento deste trabalho serviu para reforçar a idéia de que, para ovinos, a retenção de dispositivos intra-reticulares está associada grandemente às características intrínsecas dos dispositivos uma vez que os experimentos realizados incluíram diversas práticas de manejo sugeridas pela literatura que comumente afetam a taxa de retenção. Os resultados obtidos até o presente indicam a efetividade dos dispositivos e atestam para seu uso seguro. Retenções efetivas aos 6 meses de avaliação são um indicativo positivo de sua permanência no trato dos animais durante sua vida. Diferentemente dos dispositivos visuais que estão sujeitos a danos e perdas por uma grande variabilidade de fatores externos, os bolus intra-reticulares uma vez presentes no trato do animal sofrem pouca influência de fatores extrínsecos.

Durante o estudo, as perdas de dispositivos visuais apresentaram variabilidade em função do tipo de dispositivo empregado. Nestas ocasiões, a reidentificação do animal com o número correto do brinco foi possível mediante leitura eletrônica do bolus. Neste momento foi evidenciada a importância do sistema de identificação eficiente e seguro e que possibilite a coleta de dados automatizada. A perda de dispositivos compromete um programa direcionado ao monitoramento individualizado de animais e, assim é problema constante na rotina de manejo dos animais.

Apesar do baixo número de animais avaliados ficou comprovada a fragilidade deste sistema de identificação especialmente quando se destina a animais de reposição. A avaliação deste dispositivo quanto à taxa de retenção com um ano de idade é um parâmetro importante, mas que a nosso ver não representa efetivamente o comportamento do dispositivo ao longo da vida do animal. Isto porque sob condições práticas nós observamos uma tendência da elevação de perdas com o passar do tempo. A retenção com um ano de idade pode não ser o melhor indicativo da eficiência deste tipo de dispositivo, e sim uma avaliação que contemple toda a vida do animal.

Todos os bolus avaliados foram altamente eficientes em identificar os animais. As razões para a falha eletrônica do menor dispositivo devem ser avaliadas em trabalhos futuros, e devem fazer parte das metas da empresa. Em condições práticas, pode-se concluir que a capacidade de leitura é o critério de avaliação mais importante para o produtor de ovinos. Isto porque, uma vez que não seja a possível a identificação do animal mediante leitura, o criador assumirá que o dispositivo tenha sido perdido. A indústria deve estar atenta para este tipo de informação.

A opção por um dos dispositivos intra-reticulares avaliados deve levar em consideração alguns fatores. O menor tempo observado na aplicação é um aspecto importante, porem não decisivo, caso haja opção pela identificação a partir do desmame dos animais. Neste sentido, sugere-se análise criteriosa que envolva eficiência de leitura dinâmica e o custo unitário dos dispositivos.

Pode se considerar que da mesma forma que para o bolus, a qualidade do material de fabricação e a conformação adequada dos dispositivos auriculares são fatores determinantes da taxa de retenção. Estudos para a avaliação de dispositivos auriculares próprios para ovinos e produzidos por distintas empresas devem ser feitos a fim de assegurar a comercialização de dispositivos realmente eficientes para identificação animal. O certificado do ICAR pode servir de atestado para a comercialização em escala global.

A configuração dos dispositivos produzidos pela empresa Saint Gobain/Certag e o material empregado para obtenção da densidade o configuram como excelente meio de encapsulamento de transponders eletrônicos para identificação de ovinos. O interesse adicional na utilização dos bolus intra-reticulares resulta da possibilidade de automação dos processos produtivos, ganhos em eficiência de gestão, além da possibilidade de inserção de rebanhos em programas de rastreabilidade que resultem na certificação e diferenciação dos produtos oriundos da ovinocultura.

Em razão do número de animais e dispositivos testados, sugere-se a confirmação destes resultados com 12 meses de avaliação e em larga escala, mediante emprego de diferentes dispositivos visuais para que o duplo sistema de identificação possa ser estabelecido.

REFERÊNCIAS

Australian Meat and Livestock Corporation (AMLC). Integration of automated cattle identification with industry management practices. **Supplementary report to interim report AMLC.010**. Melbourne, Australia, 1995.

ARTMANN, R. Electronic identification systems: states of the art and their further development. **Computers and Electronics in Agriculture**, v.24, n.1-2, p.5-26, 1999.

BARCOS, L. O. Recent developments in animal identification and the traceability of animal products in international trade. **Rev. Sci. tech. Off. int. Epiz**., v.20, n. 2, p. 640-651, 2001.

CAJA, G.; XURIGUERA, H.; ROJAS-OLIVARES, M. A. et al. Breaking resistance of lamb ear according to ear position and breed. Page 493 in Book of Abstracts, **60th Annual Meeting EAAP**, Barcelona, Spain. Wageningen Pers, Wageningen, The Netherlands, 2009.

CAJA, G.; CONILL, C.; NEHRING, R. et al. Development of a ceramic bolus for the permanent electronic identification of sheep, goat and cattle. **Computers and Electronics in Agriculture**, v. 24, p. 45–63, 1999.

CAJA, G.; HERNÁNDEZ-JOVER, M.; GARÍN, D. et al. Diversity of animal identification techniques: from fire age to electronic age. Pages 21-41 in **Seminar on Development of Animal Identification and Recording Systems for Developing Countries**. R.Pauw, S. Mack and J. Mäki-Hokkonen, ed. ICAR Technical Series Nº9, Rome, Italy, 2004.

CAJA, G.; LUINI, M.; FONSECA, P. D. Electronic identification of faro animals using implantable transponders. FEOGA Research Project (Contract CCAM 93-342), Final Report, v. I-II, Dec. 1994. European Comission, Brussels.

CAJA, G.; BARILLET, F.; NEHRING, R. et al. State of the art on electronic identification of sheep and goat using passive transponders. Pages 43–57 in Data Collection and definition of objectives in Sheep and Goat Breeding Programs: New Prospects. D. Gabin a and L. Bodin, ed. Options Mediterraneénnes, Série A: **Seminaires Méditerranéens**. No. 33, Zaragoza, Spain, 1997.

CAJA, G.; GHIRARDI, J. J.; HERNÁNDEZ-JOVER, M.; GARÍN, D. Diversity of animal identification techniques: From 'Fire age to 'Electronic age'. Pages 21-41 in Seminar on Development of Animal Identification and Recording Systems for Developing Countries. R. Pauw, S. Mack, and J. Mäki-Hokkonen, ed. ICAR Technical Series No. 9, Rome, Italy, 2004.

CAPOTE, J.; MARTIN, N.; CASTRO, E. et al. Retención de bolos ruminales para identificación electrónica en distintas razas de cabras españolas. **ITEA Production Animal**, v. 26, p. 297–299, 2005.

CARNÉ, S.; CAJA, G.; GHIRARDI, J. J. et al. Long-term performance of visual and electronic identification devices in dairy goats. **Journal of Dairy Science**, v. 92, p. 1500-1511, 2009a.

CARNÉ S.; GIPSON, A.; ROVAI, M. et al. Extended field test on the use of visual ear tags and electronic boluses for the identification of different goat breeds in the United States. **Journal of Animal Science**, v. 87, p. 2419-2427, 2009b.

CARNÉ, S.; CAJA, G.; ROJAS-OLIVARES, M. A. et al. Readability of visual and electronic leg tags versus rumen boluses and electronic ear tags for the permanent identification of dairy goats.. **Journal of Dairy Science**, v. 93, p. 5157-5166, 2009b.

CASTRO A,; MARTIN, D. LÓPEZ, J. L. et al. (2004). Efecto de la identificación electrónica con bolo ruminal en los parámetros histológicos de los estómagos de cabritos. In: **XXIX Jornadas Científicas y VIII Internacionales de la SEOC**, Lleida, 22-25 de septiembre. p. 88-90, 2004. Capturado em 06 março 2010. Disponível em: http://www.seoc.eu/docs/jornadas/29_jornadas_seoc.pdf

CONILL, C.; CAJA, G.; NEHRING, R. et al. Effects of injection position and transpondedor size on the performances of passive injectable transpondedores used for the electronic identification of cattle. **Journal of Animal Science**, v.78, p.3001-3009, 2000.

CONILL, C.; CAJA, G.; NEHRING, R. et al. The use of passive injectable transponders in fattening lambs from birth to slaughter: Effects of injection position age and breed. **Journal of Animal Science**, v. 80, p. 919-925, 2002.

EDWARDS, D. S., A. M. JOHNSTON, and D. U. PFEIFFER. A comparison of commonly used ear tags on the ear damage of sheep. **Animal Welfare** v. 10, p.141-151, 2001.

EDWARDS, D. S. and JOHNSTON, A. M. Welfare implications of sheep ear tags. **Veterinary Record**, v. 144, p. 603-606, 1999.

ERADUS, W.J., JANSEN, M.B. Animal identification and monitoring. **Computers and Electronics in Agriculture**, v. 24, n.1-2, p. 91-98, 1999.

ERADUS, W.J., ROSSING, W. Animal identification, key to farm automation. **Computers in Agriculture: Proceedings of the 5th International Conference of the ASAE.** Orlando, FL, USA. p.189-93, 1994.

FALLON, R. J. The development and use of electronic ruminal boluses as a vehicle for bovine identification. **Rev. Sci. Tech. of. Int. Epiz**, v. 20, p.480-490, 2001.

GERMAIN, C. (2005). Traceability implementation in developing countries, its possibilities and its constraints: **A few case studies**. Consultado em 22 de março, 2010. Documento disponível em: ftp://ftp.fao.org/es/esn/food/traceability.pdf

GARÍN, D. **Desarrollo de bolos ruminales para la identificación electrónica de corderos y efectos de su utilización**. Ph. D. Thesis. Universitat Autònoma de Barcelona, 2002.

GARÍN, D.; CAJA, G.; CONILL, C. et al. Effects of small ruminal boluses used for electronic identification of lambs on the growth and development of the reticulorumen. **Journal of Animal Science**, v. 81, p. 879–884, 2003.

GARÍN, D.; CAJA, G.; CONILL, C. et al. Performance and effects of small ruminal boluses for electronic identification of young lambs. **Livestock Production Science**, v. 92, p. 47–58, 2005.

GHIRARDI, J. J. et al. Retention of different sizes of electronic identification boluses in the forestomachs of sheep. **Journal of Animal Science,** v. 84, p. 2865-2872, 2006.

GHIRARDI, J. J.; CAJA, G.; FLORES, C. et al. Suitability of electronic mini-boluses for early identification of lambs. **Journal of Animal Science**, v. 85, p. 248-257, 2007.

GUTIERES, R. M. V et al. (2005). **Complexo eletrônico**: identificação digital por Radio Freqüência. Capturado em 22 abril de 2010. Disponível em: http://www.fundoamazonia.gov.br/SiteBNDES/export/sites/default/bndes_pt/Galerias /Arquivos/conhecimento/bnset/set2202.pdf.

HANTON, J. (1996). Rumen implantable method of electronic identification of livestock. In; **Proc. Verslag van een symposium gehouden**, p.I 1–10, Univ. Wageningen, Wageningen, the Netherlands, 1976.

HASKER, P. J. S., and J. BASSINGTHWAIGHTE. Evaluation of electronic identification transponders implanted in the rumen of cattle. **Australian Journal of Experimental Agriculture**, v. 36, p.19-22, 1996.

International Committee for Animal Recording (ICAR). International Agreement of Recording Practices. **Guidelines approved by the General Assembly held in Kuopio**, Finland, June 2006, International Committee for Animal Recording. Rome, Italy, 2007.

ISO (International Organization for Standardization). Radio-frequency identification of animals-Code structure. ISO 11784:1996 (E), 2nd ed. 1996-08-15, Geneva, Switzerland, 3 p, 1996a.

ISO (International Organization for Standardization). Radio-frequency identification of animals-Technical concept. ISO 11785:1996 (E), 1st ed. 1996-10-15, Geneva, Switzerland, 13 p, 1996b.

JOINT RESEARCH CENTER (JRC). 2003. IDEA Project, large scale project on livestock electronic identification. **Final Report**. v. 5.2. Capturado em 20 fev. 2010. Disponível em: http://idea.jrc.it/pages%20idea/ final%20report.htm

LOPES, M. A. **Informática aplicada á bovinocultura**. FUNEP, Jaboticabal, 1997.

MACHADO, J. G. de C. F., & NANTES, J. F. D. Identificação eletrônica de animais por radiofreqüência (RFID): perspectivas de uso na pecuária de corte. **Revista Brasileira de Agrocomputação**, v. 2, n. 1, p. 29-36, 2004.

MACRAE, A. I.; BARNES, D. F.; HUNTER, H. A. et al. Diagnosis and treatment of tretropharyngeal injuries in lambs associated with the administration of intraruminal boluses. Veterinary Records, v. 153, p.489-492, 2003.

MARTÍN, D.; CAPOTE, J.; SICILIA, J. et al. Intake behavior and digestive effects of electronic identification with ruminal bolus in adult goats. **Journal of Animal and Veterinary Advances**, v. 5, n. 12, p. 1088-1092, 2006.

MCKEAN, J. D. The importance of traceability for public health and consumer protection. **Rev. Sci. tech. Off. int. Epiz.**, v. 20, n. 2, p. 363-371, 2001.

Ministerio de Agricultura, Pesca y Alimentación (MAPA). 2002. **Informe final del Proyecto IDEA** España (1998-2001). Anexo II: Informe técnico sobre pérdidas en ganadocaprino.http://ie.mapya.es/Experiencias/ANEXO-II%20Informe%20 Perdidas%20en%20Cabra.pdf Accessado em 20 de julho, 2010.

NATIONAL RESEARCH COUNCIL – NRC. **Nutrient requirements of small ruminants: sheep, goats, cervids and new world camelids.** Washington: National Academy Press, 2007. 362p.

PINNA, W.; SEDDA,P.; MONIELLO, G. et al. Electronic identification of Sarda goats under extensive conditions in the island of Sardinia. **Small Ruminant Research**, v. 66, p. 286–290, 2006.

RIBÓ, O.; CAJA, G.; NEHRING, R. A note on electronic identification using transponders placed in permanent ruminal bolus in sheep and goats. pages 1–6. In: Electronic identification of farm animals using implantable transponders. European Union General Directorate VI-FEOGA, European Commission, Brussels, Research Project, **Final Report**, Vol. I, Exp. UAB-01/2.6, 1994.

RIBÓ, O. et al. (2003) IDEA Project, large scale project on livestock electronic identification. **Final Report**. v. 3.0, 2003. Capturado em 20 fev. 2010. Disponível em: http://idea.jrc.it/pages%20idea/final%20report.htm

RIBÓ, O. **Identificación electronic em ganado ovino i caprino: factores que afectan a La implantación de transponders y eficácia de lectura em condições de campo.** Doctoral Thesis, Facultat de Veterinaria, Universitat Autónoma de Barcelona, Spain, 1996.

ROSSING, W. Animal identification: introduction and history. **Computers and Electronics in Agriculture,** v. 24, n.1-2, p. 1-4, 1999.

SAATKAMP, H. W.; DIJKHIUSEN, A. A.; GEERS, R. et al. Economic evaluation of national identification and recording systems for pigs in Belgium. **Preventive Veterinary Medicine**, v. 30, p. 121-129, 1997

SANCO. 2005. On technical guidelines for the implementation of electronic identification for ovine and caprine animals. Working document SANCO/10418/2005-Part 2. Directorate E-Food Safety: Plant Health, Animal Health and Welfare, International Questions. **E2-Animal Health and Welfare, Zootechnics.** European Commission, Brussels, Belgium.

SAS Institute. 2002. SAS Systems for Windows. Version 9 ed. **SAS Inst.**, Inc., Cary, NC.

STANFORD, K.;STITT, J.; KELLAR, J. A. et al. Traceability in cattle and small ruminants in Canada. **Rev. sci. tech. Off. int. Epiz.**, v. 20, p. 630-639, 2001.

MIX
Papier aus verantwortungsvollen Quellen
Paper from responsible sources
FSC® C105338

Printed by Books on Demand GmbH, Norderstedt / Germany